JN016979

3級 ［令和2年度／令和元年度／平成30年度］

機械設計技術者試験 過去問題集

一般社団法人
日本機械設計工業会［編］

はじめに

(一社)日本機械設計工業会は、永年にわたり慎重に調査研究を続け、平成7年度に機械設計技術者1級、2級の資格制度を設立し、平成8年3月10日に第1回の資格試験を実施した。その後、毎年、定期的に機械設計技術者1、2級の資格試験を実施し、平成10年度より機械設計技術者3級試験も実施され、毎年、定期的に実施されている。

本書は、機械設計技術者の3級資格試験を受験しようとする人々のために、過去3年分の学科試験の問題(令和2年度 / 令和元年度 / 平成30年度)ならびに解答・解説を収録するものである。

本書において収録されている問題は、長年月にわたって機械工学および機械設計について研究している人々と、機械設計の実務経験が豊富なエキスパートとが作成したものである。

機械設計技術者の資格試験を受験しようとする人々は、本書の問題を解いてみることによって、3級の資格が認定されるためには、どの程度の学力が要求されるかを知ることができる。このことは、資格試験の受験準備に利用できると同時に、日常の機械設計業務に活用できる知識の整理にも役立つであろう。

機械設計技術者の資格試験を受験しようとする方々、および一般に機械設計の実務に従事している方々が本書を読んでくださることを切望する。

2022年7月

編者

機械設計技術者認定制度概要

（3 級について抜粋）

1. 目的

安全で効率のよい機械を経済的に設計する機械設計技術者の能力を公に認定することにより、機械設計技術者の技術力の向上と、適正な社会的評価の確立を図り、もってわが国の機械産業の振興に寄与することを目的とする。

2. 資格認定者の称号と認定される能力・知識

名　　称	認定される能力・知識
3 級機械設計技術者	機械設計に関連する基礎工学の知識

3. 実施団体

一般社団法人　日本機械設計工業会

なお、所轄官庁の指導と関連団体の協力を得る。

表 1. 機械設計の業務分類と機械設計技術者試験の関係

機械設計の基本分類	機械設計の業務分類	業　務　の　概　要	機械設計技術者試験
詳細設計	詳細設計Ⅱ	主として、機械や装置の詳細設計業務の補佐、並びに関連する製図などの業務。	3 級機械設計技術者
	詳細設計Ⅲ	主として、機械や装置の詳細設計に関連する製図の補佐作業で、その都度の指示または定められた手順に基づき実施する業務。	

※　一般社団法人 日本機械設計工業会発行「機械設計業務の標準分類」による。

4. 試験科目

3 級機械設計技術者試験

機械工学基礎	機構学･機械要素設計、機械力学、制御工学、工業材料、材料力学、流体力学、熱工学、工作法、機械製図

5. 受験資格

3級機械設計技術者試験：学歴・実務経験ともに不問

6. 受験料（税込）

受験区分	受験料
3級	8,800円

- 平成27年度から受験申請は、原則WEB申請となっています。
- 以下のURLで、試験実施に関するお知らせを順次掲載しています。受験される方は定期的に確認してください。

https://www.kogyokai.com/exam/

目次

平成 30 年度　機械設計技術者試験

令和２年度

機械設計技術者試験
３級　試験問題Ⅰ

第１時限（120分）

1. 機構学・機械要素設計
4. 流体工学
8. 工作法
9. 機械製図

令和２年11月15日　実施

〔1. 機構学・機械要素設計〕

1 機械を構成している要素の間には必ず相対運動があり、その運動は限定された運動でなければならない。この運動系を機構という。右図は、リンク d（フレーム）が固定、リンク a は360°回転、リンク c は左右に揺れる。リンク b はリンク a と c を連接している四節回転連鎖である。
次の設問（1）～（2）に答えよ。

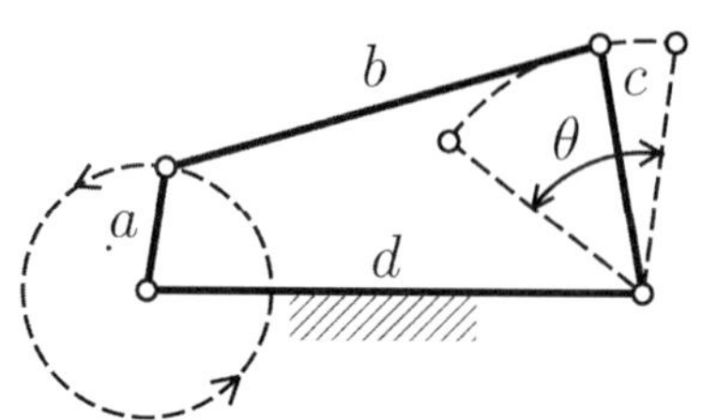

（1）次の文章の空欄【 A 】～【 E 】に最も適切な語句を下記の〔語句群〕の中から選び、その番号を解答用紙の解答欄【 A 】～【 E 】にマークせよ。
ただし、重複使用は不可である。

機構の自由度は【 A 】であり、このリンク機構を【 B 】といい、リンク b を【 C 】、リンク c を【 D 】という。また、リンク a と b のジョイントを往復直線運動するようにした機構を【 E 】という。

〔語句群〕

① 1	② 2	③ 3	④ 4
⑤ クランク	⑥ てこ	⑦ てこクランク機構	⑧ コンロッド（連接棒）
⑨ 平行クランク	⑩ 両てこ機構	⑪ 揺動スライダクランク機構	

（2）リンク a、b、c、d の長さを、それぞれ 100mm、350mm、200mm、400mm とする。リンク a が1回転するとき、リンク c の振り角 θ［ 度 ］を計算し、最も近い値を下記の〔数値群〕の中から選び、その番号を解答用紙の解答欄【 F 】にマークせよ。

〔数値群〕単位：度

① 30　② 35　③ 40　④ 45　⑤ 50　⑥ 55　⑦ 60　⑧ 65

2 機械要素とは、多くの機械に共通の部品であり、製品の基となる要素の「ねじ」は機械の設計に必要不可欠である。次の設問（1）～（2）に答えよ。

（1）強度区分 4.6 のねじの引張強さは 400MPa である。このねじの耐力（下降伏点）は何 MPa か。最も近い値を下記の〔数値群〕の中から選び、その番号を解答用紙の解答欄【 A 】にマークせよ。

〔数値群〕単位：MPa
① 100　② 180　③ 200　④ 240　⑤ 320　⑥ 400　⑦ 520　⑧ 600

（2）右図に示すように、ボルト M20 で 2 枚の鋼板を締め付けたとき、次の設問 (a), (b) に答えよ。

〔参考〕

単位：mm

ねじの呼び	ピッチ	めねじ		
		谷の径 D	有効径 D_2	内径 D_1
		おねじ		
		外径 d	有効径 d_2	谷の径 d_1
M20	2.5	20.000	18.376	17.294

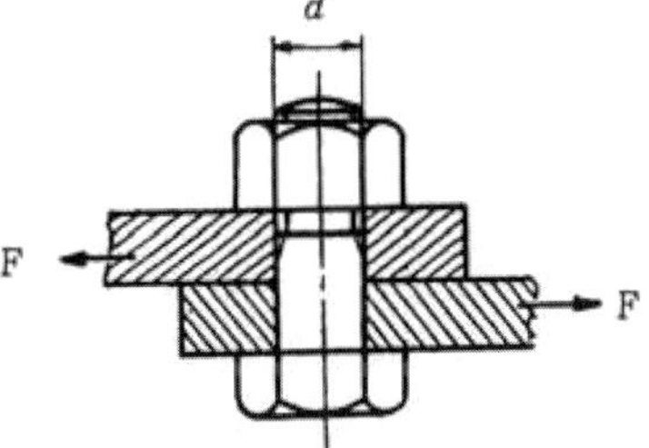

(a) 締付けによって、谷断面には引張りのみが加わるものとする。許容引張応力 $\sigma_a = 60$MPa として、ボルトに許し得る締め付け力 P[kN] の最大値を計算し、最も近い値を下記の〔数値群〕の中から選び、その番号を解答用紙の解答欄【 B 】にマークせよ。

〔数値群〕単位：kN
① 10.5　② 12.2　③ 14.1　④ 15.9　⑤ 18.8　⑥ 20.1　⑦ 22.2　⑧ 24.1

(b) ボルト軸部に直角方向の力 $F = 9.6$kN が作用した場合、ボルト軸部のせん断応力 τ [MPa] を計算し、最も近い値を下記の〔数値群〕の中から選び、その番号を解答用紙の解答欄【 C 】にマークせよ。ただし、ボルトと板の間にすきまはないものとする。

〔数値群〕単位：MPa
① 23.5　② 27.4　③ 30.6　④ 33.4　⑤ 36.2　⑥ 38.5　⑦ 40.9　⑧ 43.4

3 右図は「つめ車」であり、間欠的な運動を伝えたり、逆転を防ぐ機械要素である。巻き上げ機やブレーキ装置に用いられる。
軸の受けるトルク $T = 300$ kN·mm、許容曲げ応力 $\sigma_a = 30$MPa のとき、つめ車を「歯車」と同じに考えて、次の設問（1）～（3）に答えよ。

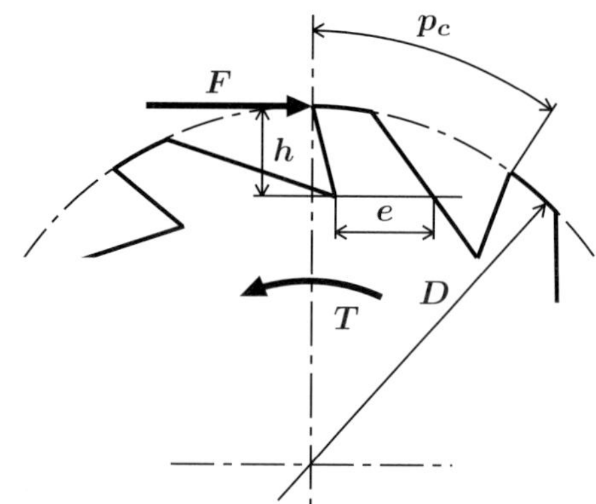

（1）つめ歯数 $z = 20$ のとき、つめ車の円ピッチ p_c[mm] を計算し、最も近い値を下記の〔数値群〕の中から選び、その番号を解答用紙の解答欄【 A 】にマークせよ。

〔参考〕つめ歯数 z、つめ車の歯にかかる力 F、歯幅 b、歯元の厚さ e、歯の高さ h とすると、歯元では曲げモーメントを受けるので

$$Fh = \frac{be^2}{6}\sigma_a \quad \left(\frac{be^2}{6}\text{：断面係数}\right)$$

の関係が成り立つ。

さらに、$b = 0.5p_c$, $e = 0.5p_c$, $h = 0.35p_c$ として計算せよ。

〔数値群〕単位：mm
① 24.9　② 31.2　③ 37.5　④ 43.9　⑤ 50.0　⑥ 56.3　⑦ 62.6　⑧ 68.9

（2）つめ車のモジュール m を計算して、外径 D[mm] の適切な値を下記の〔数値群〕の中から選び、その番号を解答用紙の解答欄【 B 】にマークせよ。

〔数値群〕単位：mm
① 160　② 200　③ 240　④ 280　⑤ 320　⑥ 360　⑦ 400　⑧ 440

（3）歯面に生ずる面圧 p[MPa] を計算し、最も近い値を下記の〔数値群〕の中から選び、その番号を解答用紙の解答欄【 C 】にマークせよ。

〔数値群〕単位：MPa
① 4.25　② 6.30　③ 8.86　④ 10.1　⑤ 12.3　⑥ 14.7　⑦ 17.3　⑧ 20.2

〔4. 流体工学〕

1 次の【A】～【J】は流体工学関連のキーワードを解説したものである。最も関係の深い語句を下記の〔語句群〕から選び、その番号を解答用紙の解答欄【A】～【J】にマークせよ。ただし、重複使用は不可である。

【A】速度勾配に対するせん断応力の比を表す粘度がゼロである流体である。

【B】絶対真空を基準にとった圧力である。

【C】細管を液中に立てると、液体が表面張力により上昇または下降する。

【D】静止した流体の中にある物体は、それが排除した流体の重量に等しい大きさの、鉛直上向きの力を受ける。

【E】浮揚体の浮揚面から物体の最下底までの深さ。

【F】流れの重力に対する慣性力の割合を示す無次元量。

【G】円柱のまわりの流れにおいて、理想流体の場合、実際とは異なり、円柱に及ぼす力はゼロで、円柱は抵抗を受けないことになる。

【H】空気が物体のまわりを流れるとき、レイノルズ数が大きい場合には、粘性の影響は物体の表面に接した薄い層内に限られる。

【I】層流での円管内の流速分布は、回転放物面となる。摩擦係数は、レイノルズ数の逆数に比例する。

【J】粗い管における管摩擦係数は、レイノルズ数と相対粗度との関数となり、その関係を示したもの。

〔語句群〕

① アルキメデスの原理	② 喫水	③ 境界層
④ 絶対圧	⑤ ダランベールの背理	⑥ トリチェリの定理
⑦ 粘性底層	⑧ ハーゲン・ポアズイユ流れ	⑨ フルード数
⑩ ムーディ線	⑪ 毛管現象	⑫ 理想流体
⑬ レイノルズ数		

2 下図のような管路をポンプにより 5.50m^3/min の水が送水されている。断面①および②における圧力が､それぞれ－ 30.0 kPa 、250 kPa を示している。次の設問（1）～（3）に答えよ。ただし、損失エネルギーは無視する。

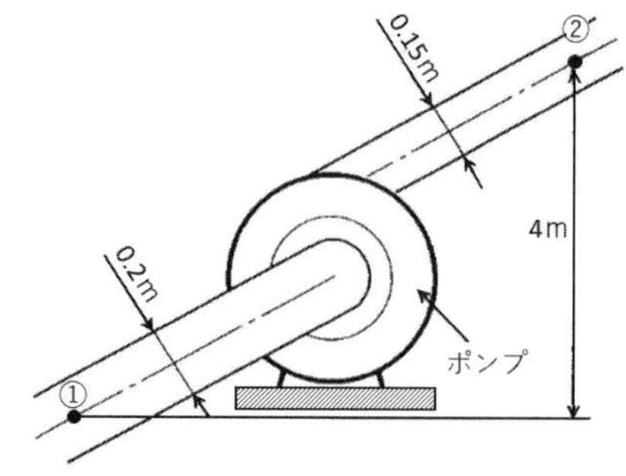

（1）断面①における速度 v [m/s] を計算し、最も近い値を下記の〔数値群〕の中から選び、その番号を解答用紙の解答欄【 A 】にマークせよ。

〔数値群〕単位：m/s
① 1.92　② 2.42　③ 2.92　④ 3.42　⑤ 3.92

（2）ポンプが水に与える付加エネルギーを計算し，最も近い値を下記の〔数値群〕の中から選び、その番号を解答用紙の解答欄【 B 】にマークせよ。

〔数値群〕単位：J/kg
① 248　② 268　③ 288　④ 308　⑤ 328

（3）ポンプが水に与える水動力を計算し、最も近い値を下記の〔数値群〕の中から選び、その番号を解答用紙の解答欄【 C 】にマークせよ。

〔数値群〕単位：kW
① 20.1　② 22.1　③ 25.1　④ 28.1　⑤ 30.1

〔8. 工作法〕

1 加工においては、加工条件の設定等の際に様々な単位が用いられている。以下に列挙する加工に関わる事項で一般的に広く用いられている単位を下記の〔単位群〕から選び、その番号をⅠ欄に該当する解答用紙の解答欄【 A 】～【 J 】にマークせよ。ただし、単位群の重複使用は可である。

加工関連事項	Ⅰ欄
算術平均粗さ	【 A 】
切削速度	【 B 】
切削加工における切込み	【 C 】
旋削加工におけるバイトの送り速度	【 D 】
旋盤の振り	【 E 】
旋盤の主軸回転速度	【 F 】
フライス盤のテーブル送り速度	【 G 】
工業材料の比切削抵抗	【 H 】
プレス機械の加圧力	【 I 】
プレス加工におけるストローク数	【 J 】

〔単位群〕

① kg　② MPa　③ nm　④ min^{-1}　⑤ mm/rev

⑥ μm　⑦ mm　⑧ kN　⑨ m/min　⑩ mm/min

令和2年度 問題Ⅰ

2 次の文章（1）～（10）は様々な加工方法に関して述べたものである。文章中の空欄【A】～【L】に最適と思われる語句を下記の〔語句群〕から選び、その番号を解答用紙の解答欄【A】～【L】にマークせよ。ただし、語句の重複使用は可である。

（1）旋盤によって丸棒工作物の外周面を軸方向に切削するとき、切削速度は主軸の回転速度と【 A 】で求められる。また、工作物表面の軸方向の仕上げ面粗さは主に【 B 】が支配的となる。

（2）切削加工における工具の摩耗は、加工条件のうち【 C 】が支配的となる。

（3）炭素鋼工作物に対しての小径穴あけでは、じん性があり安価であるハイスドリルが主として使用されるが、超硬合金が使われない主な理由は【 D 】が上げられないためである。

（4）プレスによる曲げ加工では、加工後荷重を除去すると変形が少し戻る。これが【 E 】であり、曲げ角度が大きいほど、曲げ半径が板厚に対して大きいほど戻りは大きい。

（5）使用頻度が高い締め付け用ボルトなど汎用のおねじの加工には、生産効率が高い【 F 】が広く利用されている。この方法は量産に向くだけでなく、切削ねじよりも強度が高い点に優れている。

（6）電線のように細くて長い線を製造するのに適した塑性加工法として【 G 】がある。この加工ではこう配穴を有するダイス穴と同じ形状の棒、線、管を製造することができる。

（7）直径の大きな丸棒を直径の小さな長尺材料に加工する塑性加工法として、熱間で行う【 H 】がある。円形断面だけでなく複雑な断面形状の製品も成形できる。

（8）回転する二つのロールの間に素材を通すことで、板状素材の厚みを減少させる加工法が【 I 】である。この方法は量産に適していて、熱間加工と冷間加工がある。

（9）研削加工に使用される通常の砥石では、基本的に【 J 】が適正に行われるものを選択することが良い。これは砥石の結合度に密接に関係を持つ。

（10）研削砥石のメンテナンスにおいて、新たに砥粒切刃を出すための目立てを【 K 】と呼び、同様の操作ながらバランス調整のための形直しを【 L 】と呼ぶ。

〔語句群〕

① 切削速度	② 自生発刃	③ 引抜き	④ 切込み
⑤ 送り	⑥ 回転速度	⑦ 工作物直径	⑧ レーザ加工
⑨ 平滑加工	⑩ 圧延	⑪ 大きい	⑫ ツルーイング
⑬ ドレッシング	⑭ 押出し	⑮ スプリングバック	⑯ 転造

〔9. 機械製図〕

1 JIS 機械製図について、次の設問（1）～（10）に答えよ。

（1）次の文章で、正しく説明しているものを一つ選び、その番号を解答用紙の解答欄【 A 】にマークせよ。

① 機械製図に用いられる製図用紙の大きさは、A1 ～ A4 である。
② 多品一葉図面は、いくつかの部品を一枚の製図用紙に描いたものである。
③ 製図用紙に設ける必要事項は、輪郭線、表題欄、方向マークである。
④ 尺度の種類は、等尺、縮尺、倍尺である。

（2）次の文章で、正しく説明しているものを一つ選び、その番号を解答用紙の解答欄【 B 】にマークせよ。

① 寸法数値が四角い枠で囲ってある寸法を、理想寸法という。
② 寸法数値が括弧でくくってある寸法を、参照寸法という。
③ 寸法数値の下に細い線が引いてある寸法を、非比例寸法という。
④ 他の寸法から導かれる寸法で、情報提供を目的とする寸法を、補助寸法という。

（3）寸法補助記号の表し方と意味で、正しいものを一つ選び、その番号を解答用紙の解答欄【 C 】にマークせよ。

① CR20 は、球半径 20mm を示す。
② 30 □は、正方形の一辺 30mm を示す。
③ t 5 は、板の厚さ 5mm を示す。
④ S φ 40 は、丸棒の直径 40mm を示す。

（4）φ 35H7 の許容差を表す記入法で、正しいものを一つ選び、その番号を解答用紙の解答欄【 D 】にマークせよ。

① $\phi\ 35H7\begin{pmatrix} 0 \\ -0.025 \end{pmatrix}$　② $\phi\ 35H7\begin{pmatrix} +0.025 \\ 0 \end{pmatrix}$　③ $\phi\ 35H7\begin{pmatrix} +0.025 \\ -0 \end{pmatrix}$　④ $\phi\ 35H7\begin{pmatrix} +0 \\ -0.025 \end{pmatrix}$

（5）図の表し方で、図の配置として最もよいものを一つ選び、その番号を解答用紙の解答欄【 E 】にマークせよ。

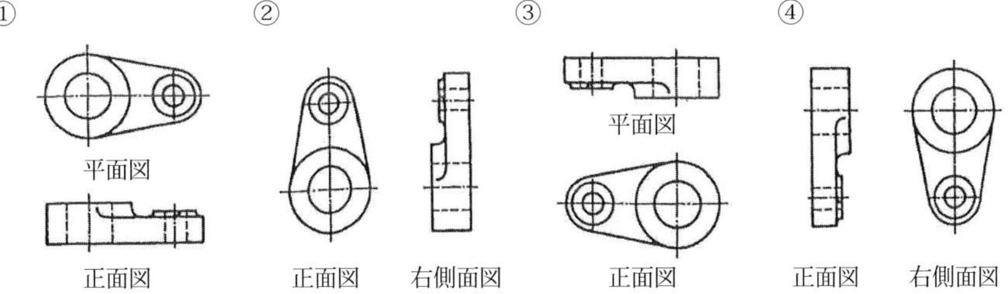

（6）右図において、中心線上に施されている２本の平行細線の正しい説明をしているものを一つ選び、その番号を解答用紙の解答欄【Ｆ】にマークせよ。

① 繰り返し図形を省略する場合に用いられる記号で、図形対称記号と呼ばれている。

② 対称図形を省略する場合に用いられる記号で、対称図示記号と呼ばれている。

③ 非対称図形の一部分のみを表示する場合に用いられる記号で、非対称表示記号と呼ばれている。

④ 寸法を省略してもよい場合に用いられる記号で、寸法省略記号と呼ばれている。

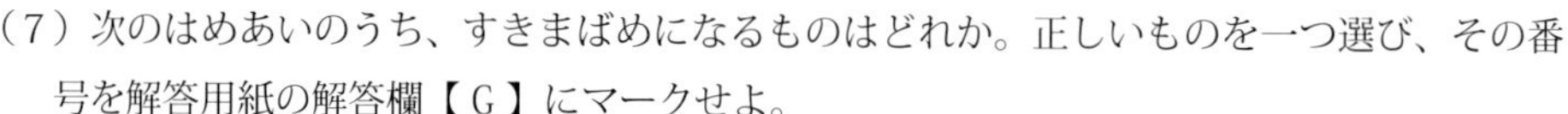

（7）次のはめあいのうち、すきまばめになるものはどれか。正しいものを一つ選び、その番号を解答用紙の解答欄【Ｇ】にマークせよ。

① ϕ 40H7/ t6

② ϕ 40H7/ k6

③ ϕ 40H7/ m6

④ ϕ 40H7/ h6

（8）ねじに関する記述のうち、正しく説明しているものを一つ選び、その番号を解答用紙の解答欄【Ｈ】にマークせよ。

① ねじの呼びの表し方で、Tr10 × 2 は、ミニチュアねじを表している。

② ねじの呼びの表し方で、Rc¾ は、管用テーパめねじを表している。

③ ねじの呼びの表し方で、M8 × 1 は、メートル並目ねじを表している。

④ ねじの呼びの表し方で、G½ は、管用テーパおねじを表している。

（9）次の文章で、正しく説明しているものを一つ選び、その番号を解答用紙の解答欄【Ｉ】にマークせよ。

① 転がり軸受製図には、基本簡略図示方法と個別簡略図示方法がある。

② ねじ製図において、ねじの谷底を表す線は、細い一点鎖線を用いる。

③ 歯車製図において、歯底の線は細い破線を用いる。

④ ばね製図において、図中に記入しにくい事項は、一括して表題欄に表示する。

（10）次の文章で、正しく説明しているものを一つ選び、その番号を解答用紙の解答欄【Ｊ】にマークせよ。

① 軸のはめあい記号は、アルファベットの大文字で表す。

② キー溝の寸法（幅×高さ）は、軸の長さにより決定する。

③ 転がり軸受の呼び番号は、基本番号と補助記号から構成する。

④ こう配キーを用いる場合、軸のキー溝に 1/100 のこう配をつける。

2

JIS 機械製図における寸法記入法について、次の設問（1）～（3）に答えよ。

（1）下図は、円弧を表した寸法記入法である。正しく表している記入法を一つ選び、その番号を解答用紙の解答欄【 A 】にマークせよ。

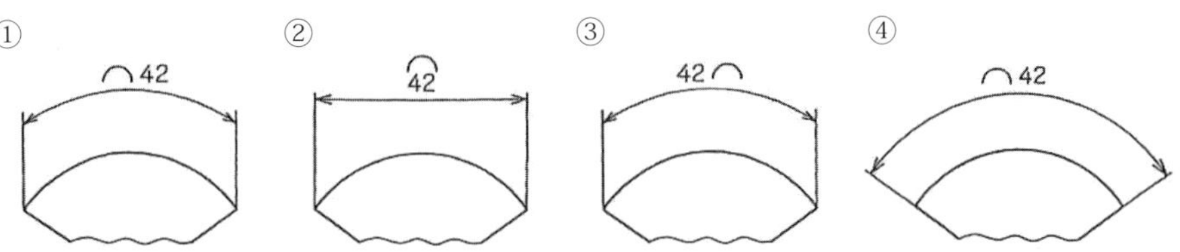

（2）下図は、丸軸の面取り角度 45°、面取り長さ 2mm を表した寸法記入法である。誤っている記入法を一つ選び、その番号を解答用紙の解答欄【 B 】にマークせよ。

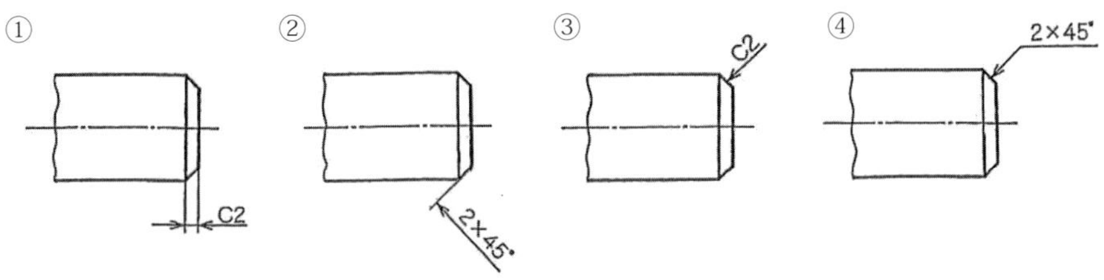

（3）下図は、板厚 20mm の板に対し深ざぐり穴を表した寸法記入法である。誤っている記入法を一つ選び、その番号を解答用紙の解答欄【 C 】にマークせよ。

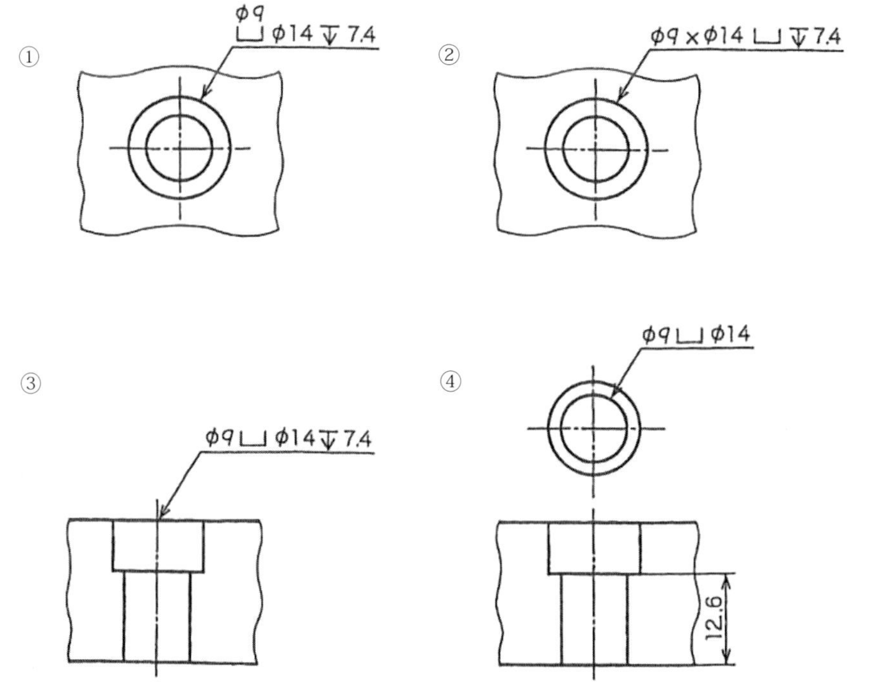

令和 2 年度 問題 I

3 幾何公差について、次の設問（1）、（2）に答えよ。

（1）次に示す表は、幾何公差の種類と特性・記号・データム指示の関係を示すものである。表の空欄【Ａ】～【Ｍ】に当てはまる語句を〔語句群〕より選び、その番号を解答用紙の解答欄【Ａ】～【Ｍ】にマークせよ。（重複使用可）

公差の種類	特性	記号	データム指示
振れ公差	【Ｄ】	↗	要
【Ａ】公差	【Ｅ】	◎	【Ｋ】
	【Ｆ】	⌯	
【Ｂ】公差	【Ｇ】	▱	【Ｌ】
	【Ｈ】	⌭	
【Ｃ】公差	【Ｉ】	//	【Ｍ】
	【Ｊ】	⌓	

〔語句群〕

① 形状　② 姿勢　③ 位置　④ 全振れ　⑤ 円周振れ
⑥ 平面度　⑦ 対称度　⑧ 平行度　⑨ 同軸度　⑩ 面の輪郭度
⑪ 円筒度　⑫ 要　⑬ 否

（2）次の幾何公差に関する文章の空欄【Ｎ】～【Ｑ】に当てはまる語句を〔語句群〕より選び、その番号を解答用紙の解答欄【Ｎ】～【Ｑ】にマークせよ。

幾何公差の図示法は、公差記入枠を用いる。幾何公差の要求事項は、図１に示す公差記入枠の左から順に【Ｎ】、【Ｏ】、【Ｐ】を記入する。この公差記入枠を【Ｑ】線によって対象となる形体と結び付ける。

【Ｎ】	【Ｏ】	【Ｐ】

図１　公差記入枠

〔語句群〕

① 公差値　② データム　③ 幾何特性　④ 図示　⑤ 指示

4 下図は、二方コックの部品図である。次の設問（1）～（7）の空欄【Ａ】～【Ｇ】に当てはまる語句を〔語句群〕より選び、その番号を解答用紙の解答欄【Ａ】～【Ｇ】にマークせよ。

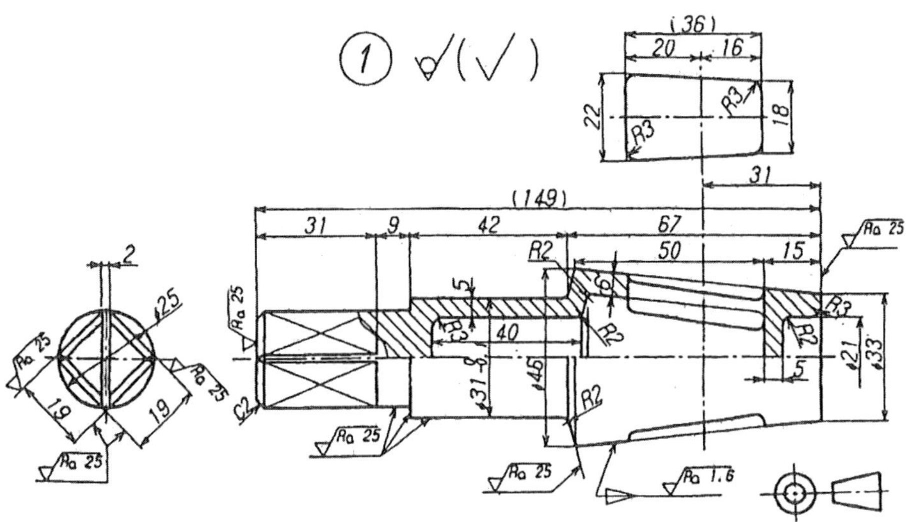

（1）軸端に記入されている細い対角線は【Ａ】を表している。

（2）主投影図に施されている断面図の種類は【Ｂ】である。

（3）断面部分に施されている 45 度に引かれた平行細線を【Ｃ】という。

（4）大径φ 46、小径φ 33、長さ 65 の部分のテーパ比は【Ｄ】である。

（5）テーパ上に描かれている一点鎖線で結ばれている部分の図名は【Ｅ】である。

（6）図面中に記入されている Ra 25 等の記号を総称して【Ｆ】と呼ばれる。

（7）右下隅に描かれている記号は、【Ｇ】を表す。

〔語句群〕

① 第一角法	② 第三角法	③ 面の肌	④ 表面性状	⑤ ハッチング
⑥ カッティング	⑦ 球面	⑧ 平面	⑨ 1：5	⑩ 1：10
⑪ 局部投影図	⑫ 部分投影図	⑬ 片側断面図	⑭ 部分断面図	

5 溶接記号について、次の設問（1）、（2）に答えよ。

（1）下図【Ａ】は、Ｖ形開先溶接の実形図を示す。右側に図示した４つの図から正しい溶接記号の記入法の番号を解答用紙の解答欄【Ａ】にマークせよ。

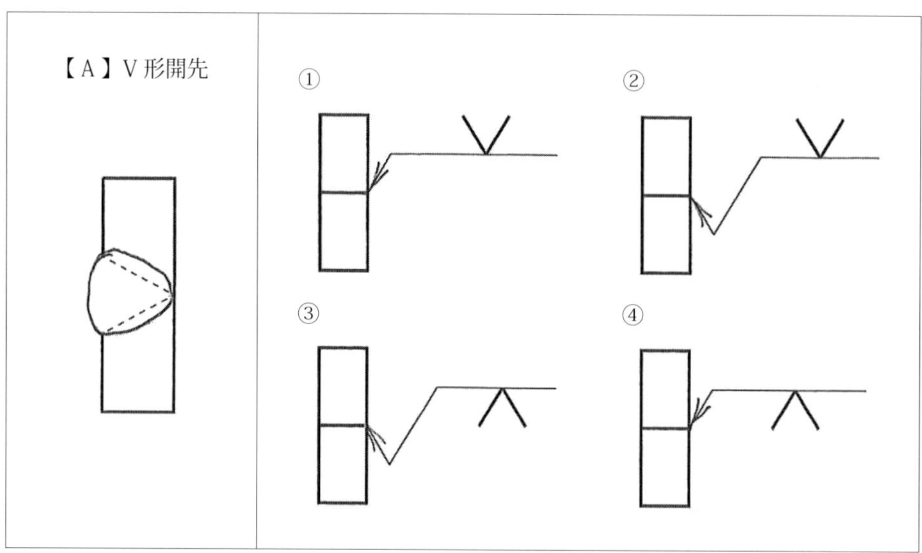

（2）下図【Ｂ】は、レ形開先とすみ肉との組み合わせ溶接継手の実形図を示す。右側に図示した４つの図から正しい溶接記号の記入法の番号を解答用紙の解答欄【Ｂ】にマークせよ。

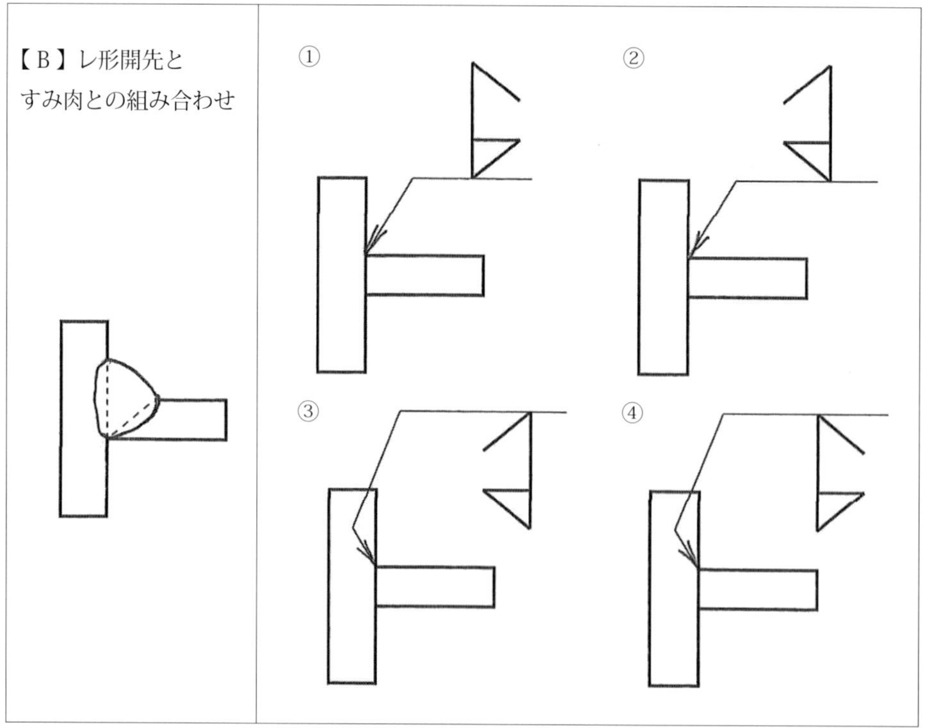

6 立体図について、次の設問（1）、（2）に答えよ。

（1）下図の正投影図を表している立体図を一つ選び、その番号を解答用紙の解答欄【 A 】にマークせよ。

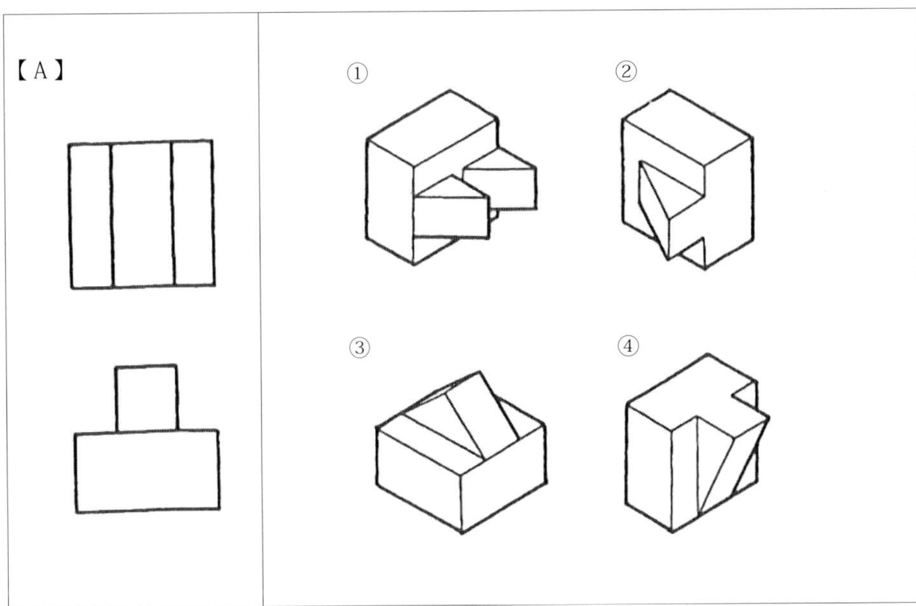

（2）下図の正投影図を表している立体図を一つ選び、その番号を解答用紙の解答欄【 B 】にマークせよ。

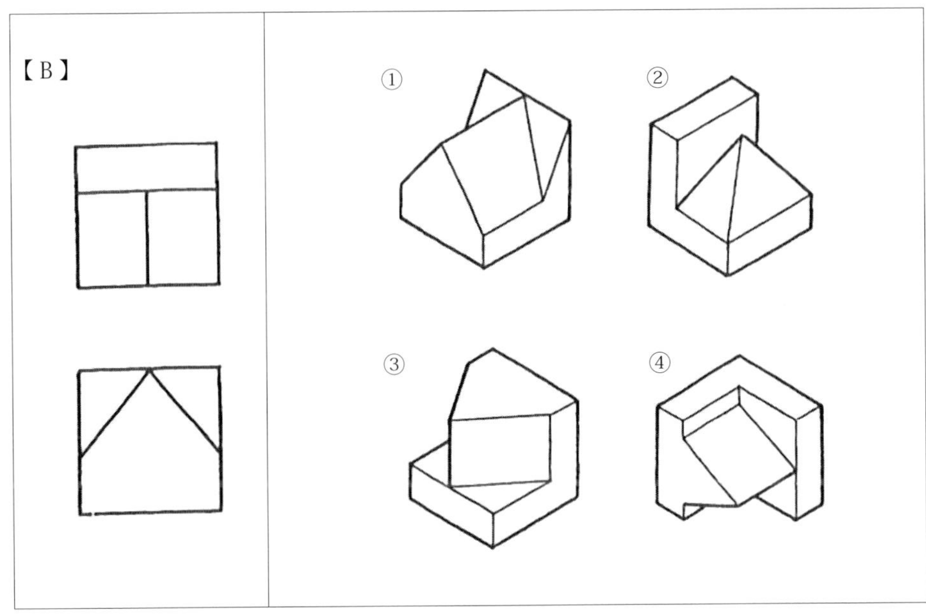

令和2年度 問題Ⅰ

令和２年度

機械設計技術者試験
３級　試験問題Ⅱ

第２時限（120分）

2．材料力学

3．機械力学

5．熱工学

6．制御工学

7．工業材料

令和２年11月15日　実施

〔2. 材料力学〕

1 図1のような変断面円柱が、引張荷重 P を両端に受けている。端A、Bの直径はそれぞれ d_1 および d_2 であり長さは ℓ である。この円柱について、下記の設問（1）～（4）に答えよ。

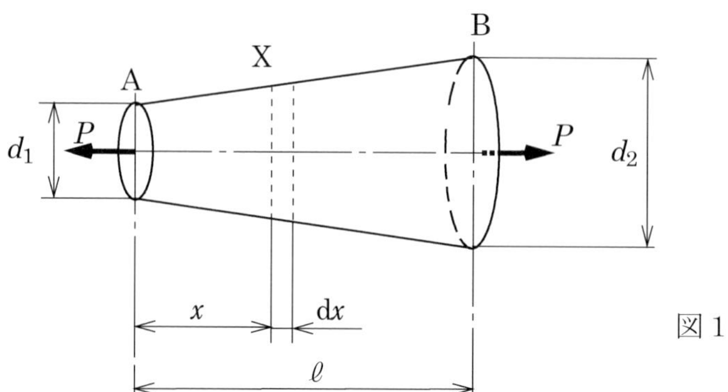

図1

（1）円柱の端Aから距離 x の位置Xの横断面積 A_x を表す式として、正しいものを下記の〔数式群〕から選び、その番号を解答用紙の解答欄【 A 】にマークせよ。

〔数式群〕

① $\frac{\pi}{2}(d_1 - \frac{d_2 - d_1}{\ell}x)^2$　② $\frac{\pi}{3}(d_1 - \frac{d_2 - d_1}{\ell}x)^2$　③ $\frac{\pi}{4}(d_1 - \frac{d_2 - d_1}{\ell}x)^2$

④ $\frac{\pi}{2}(d_1 + \frac{d_2 - d_1}{\ell}x)^2$　⑤ $\frac{\pi}{3}(d_1 + \frac{d_2 - d_1}{\ell}x)^2$　⑥ $\frac{\pi}{4}(d_1 + \frac{d_2 - d_1}{\ell}x)^2$

（2）円柱の端Aから距離 x の位置Xの応力 σ_x を表す式として、正しいものを下記の〔数式群〕から選び、その番号を解答用紙の解答欄【B】にマークせよ。

〔数式群〕

① $\frac{2P\ell^2}{\pi\left[d_1\ell-(d_2-d_1)x\right]^2}$　② $\frac{4P\ell}{\pi\left[d_1\ell-(d_2-d_1)x\right]^2}$

③ $\frac{4P\ell^2}{\pi\left[d_1\ell-(d_2-d_1)x\right]^2}$　④ $\frac{2P\ell^2}{\pi\left[d_1\ell+(d_2-d_1)x\right]^2}$

⑤ $\frac{4P\ell^2}{\pi\left[d_1\ell+(d_2-d_1)x\right]^2}$　⑥ $\frac{4P\ell}{\pi\left[d_1\ell+(d_2-d_1)x\right]^2}$

（3）この円柱の端Aから x だけ離れた位置Xの微小長さ dx に生ずる微小な伸び $d\lambda$ は、dx のひずみを ε_x とすると $d\lambda = \varepsilon_x dx$ と表すことができる。この $d\lambda$ を0から ℓ まで積分することによって、円柱の伸び λ を求めることができる。この λ を表す式として、正しいものを下記の〔数式群〕から選び、その番号を解答用紙の解答欄【 C 】にマークせよ。

〔数式群〕

① $\dfrac{2P\ell^2}{\pi E\ d_1 d_2}$　② $\dfrac{4P\ell}{\pi E\ d_1 d_2}$　③ $\dfrac{2P\ell^2}{\pi E(d_2+d_1)^2}$

④ $\dfrac{4P\ell^2}{\pi E(d_2+d_1)^2}$　⑤ $\dfrac{2P\ell}{\pi E(d_2-d_1)^2}$　⑥ $\dfrac{4P\ell^2}{\pi E(d_2-d_1)^2}$

（4）この円柱は軟鋼製で縦弾性係数 $E = 206$GPa でありA部直径 $d_1 = 20$mm、B部直径 $d_2 = 40$mm および全長 $\ell = 1850$mm とする。引張荷重 $P = 26$kN のとき、円柱の伸び λ を計算し、最も近い値を下記の〔数値群〕から選び、その番号を解答用紙の解答欄【 D 】にマークせよ

〔数値群〕単位：mm

① 0.12　② 0.22　③ 0.37　④ 0.49　⑤ 0.66　⑥ 0.89

2 図2に示すような，長さ $\ell = 2.8$m の両端単純支持はりが全長の半分に分布荷重 $w = 1.3$kN/m を受けている。横断面の形状は、図3のとおりであり、$b = 30$mm、$h = 40$mm である。下記の設問（1）～（5）に答えよ。

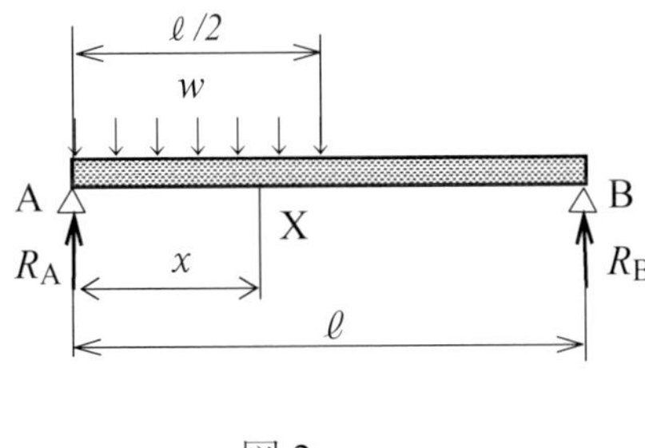

図2

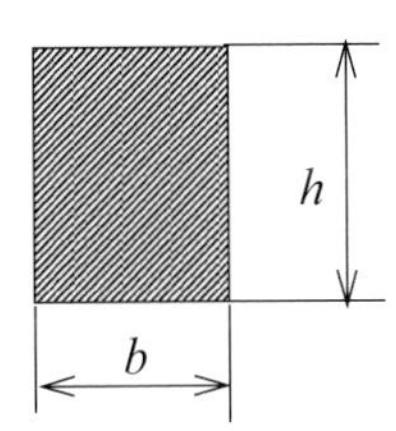

図3　はりの断面形状

（1）はりの支点反力 R_A を表す式として、正しいものを下記の〔数式群〕から選び、その番号を解答用紙の解答欄【 A 】にマークせよ。

〔数式群〕

① $\dfrac{3w\ell}{8}$　② $\dfrac{w\ell}{8}$　③ $\dfrac{3w\ell}{4}$　④ $\dfrac{w\ell}{4}$　⑤ $\dfrac{3w\ell}{2}$　⑥ $\dfrac{w\ell}{2}$

（2）支点Aから距離x（$0<x<\ell/2$）の位置Xに作用する曲げモーメントM_xを表す式として、正しいものを下記の〔数式群〕から選び、その番号を解答用紙の解答欄【 B 】にマークせよ。

〔数式群〕

① $\left(\dfrac{\ell}{4}-\dfrac{x}{2}\right)wx$　② $\left(\dfrac{3\ell}{2}-x\right)wx$　③ $\left(\dfrac{3\ell}{4}-\dfrac{x}{2}\right)wx$

④ $\left(\dfrac{\ell}{8}-\dfrac{x}{2}\right)wx$　⑤ $\left(\dfrac{3\ell}{8}-x\right)wx$　⑥ $\left(\dfrac{3\ell}{8}-\dfrac{x}{2}\right)wx$

（3）図2に示すような荷重を受けるはりのせん断力図（SFD）と曲げモーメント図（BMD）の組み合わせとして正しいものを下記の〔図群〕の中から選び、その番号を解答用紙の解答欄【 C 】にマークせよ。

〔図群〕

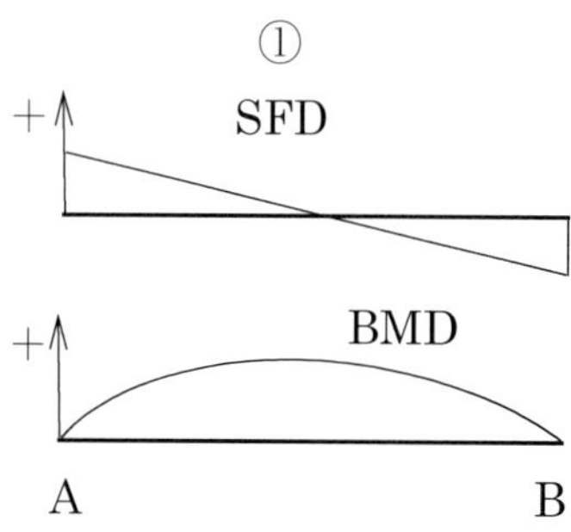

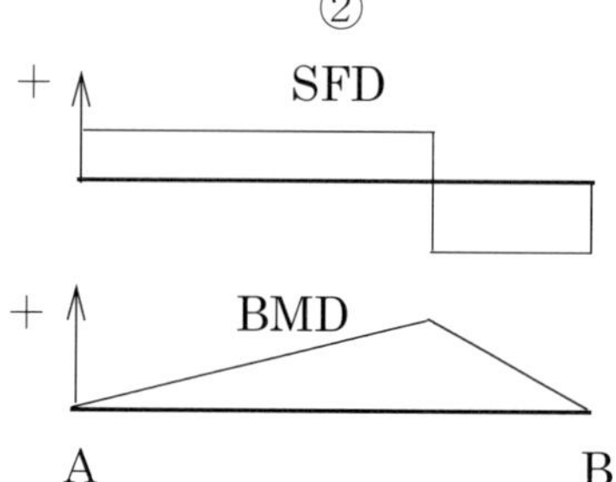

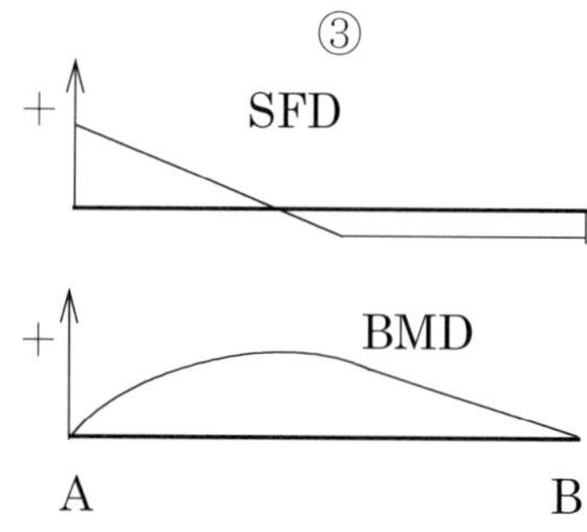

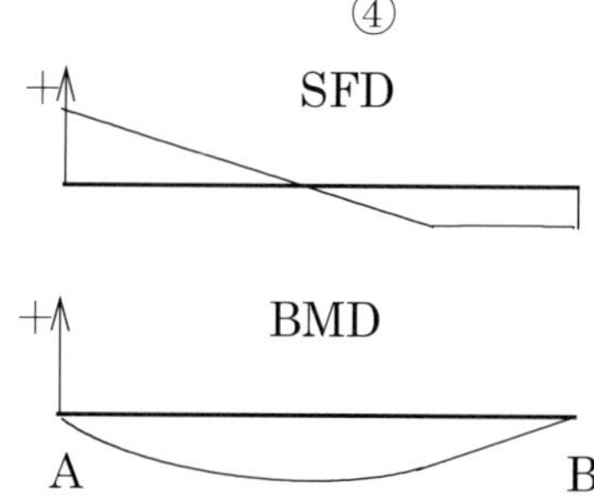

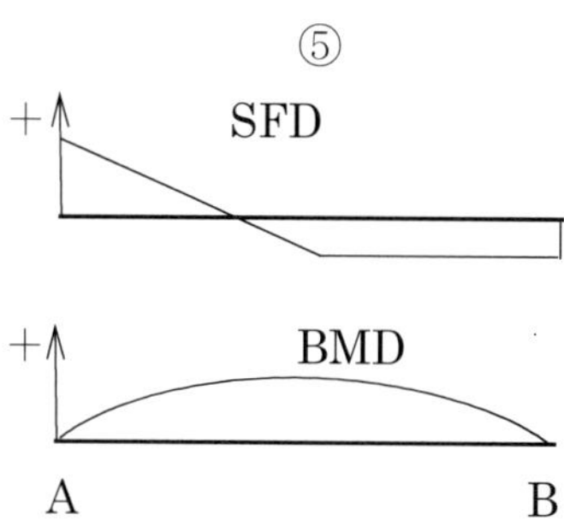

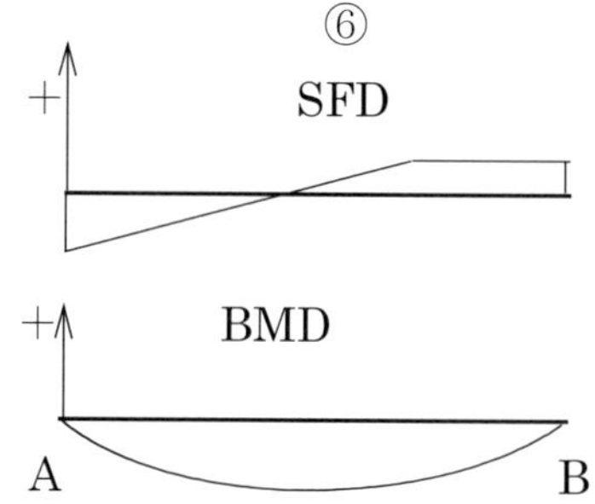

（4）はりに作用する最大曲げモーメント M_{max} を計算し、正しいものを下記の〔数式群〕から選び、その番号を解答用紙の解答欄【 D 】にマークせよ。

〔数式群〕

① $\dfrac{3w\ell^2}{32}$　② $\dfrac{5w\ell^2}{64}$　③ $\dfrac{9w\ell^2}{64}$　④ $\dfrac{3w\ell^2}{128}$　⑤ $\dfrac{9w\ell^2}{128}$　⑥ $\dfrac{11w\ell^2}{128}$

（5）はりに作用する、最大曲げ応力 σ_{max} を計算し、最も近い値を下記の〔数値群〕から選び、その番号を解答用紙の解答欄【 E 】にマークせよ。

〔数値群〕単位：MPa

① 70　② 80　③ 90　④ 110　⑤ 120　⑥ 130

令和2年度　問題Ⅱ

〔3. 機械力学〕

1 下図に示すように長さL = 800mmの棒ＡＢの一端Ａ点が、回転自由なピンで垂直な壁で固定されている。棒の先端部Ｂ点には、F = 100 Ｎで垂直方向の力が作用している。棒の中点Ｃ点を水平に張られたロープＣＤで支えたところ、壁面とのなす角度がθ =30°であった。下記の設問（1）～（3）に答えよ。ただし棒とロープの質量を無視するとともに、重力加速度g = 9.8 m/sec^2 として計算せよ。

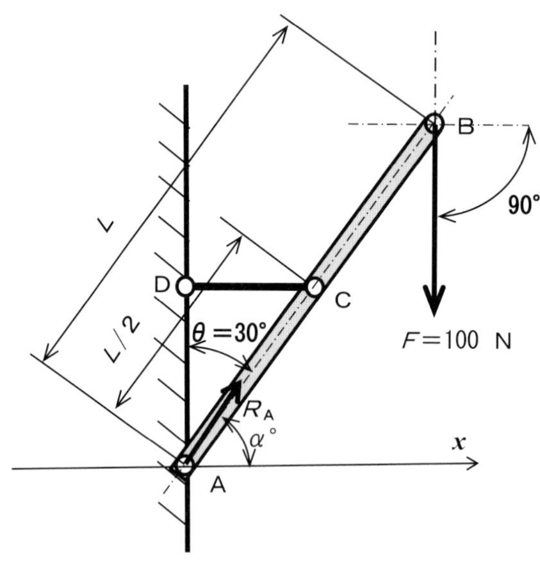

（1）ロープＣＤに作用する力Qを、下記の〔数値群〕から最も近い値を一つ選び、その番号を解答用紙の解答欄【 A 】にマークせよ。

〔数値群〕単位：N
① 115　② 120　③ 132　④ 142　⑤ 162

（2）Ａ点に生ずる反力R_Aを、下記の〔数値群〕から最も近い値を一つ選び、その番号を解答用紙の解答欄【 B 】にマークせよ。

〔数値群〕単位：N
① 146　② 152　③ 162　④ 175　⑤ 183

（3）反力R_Aの作用方向をx軸からの角度（α°）として、下記の〔数値群〕から最も近い値を一つ選び、その番号を解答用紙の解答欄【 C 】にマークせよ。

〔数値群〕
① 30°　② 41°　③ 45°　④ 52°　⑤ 60°

2 下図に示すように軸受A、Bに支持されている軸の先端部にベルト用プーリCが、取り付けられている。AとBの軸受間距離はL = 400mmであり、プーリCは軸受Bからの距離L / 4 = 100mmの所に取り付けられている。
軸径は、d = 20mmである。プーリから軸に負荷する荷重を計測したところ、P = 400 Nであり、その内の接線力は、F = 160 Nであった。同時に軸の回転速度を測定したらn = 200min^{-1}であった。
下記の設問（1）～（5）に答えよ。ただし軸とプーリの自重は、無視する。

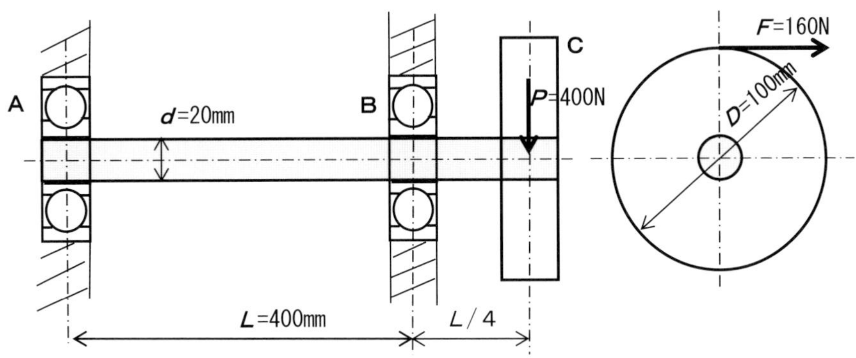

（1）軸dの周速度vを、下記の〔数値群〕から最も近い値を一つ選び、その番号を解答用紙の解答欄【 A 】にマークせよ。

〔数値群〕単位：m/sec
① 0.21　② 0.31　③ 0.42　④ 0.51　⑤ 0.62

（2）プーリにより生ずるトルクTを、下記の〔数値群〕から値を一つ選び、その番号を解答用紙の解答欄【 B 】にマークせよ。

〔数値群〕単位：N･m
① 3　② 6　③ 8　④ 12　⑤ 15

（3）この時の軸の伝達動力Lを、下記の〔数値群〕から最も近い値を一つ選び、その番号を解答用紙の解答欄【 C 】にマークせよ。

〔数値群〕単位：W
① 128　② 146　③ 168　④ 174　⑤ 185

（4）軸受Aに生ずる支持反力R_Aを、下記の〔数値群〕から値を一つ選び、その番号を解答用紙の解答欄【 D 】にマークせよ。

〔数値群〕単位：N

① -50　② -100　③ -150　④ -200　⑤ -250

（5）軸受Bに生ずる支持反力R_Bを、下記の〔数値群〕から値を一つ選び、その番号を解答用紙の解答欄【 E 】にマークせよ。

〔数値群〕単位：N

① 150　② 250　③ 350　④ 500　⑤ 550

〔5. 熱工学〕

1 容量$V_1 = 0.03$ m^{3}のピストン内に、圧力$P_1 = 1.5$ MPa、温度$T_1 = 573$ Kの空気が入っている。この空気を$T_2 = 1473$ Kまで加熱させるときの変化後の容積V_2または圧力P_2、ピストンに必要な外部への密閉系の仕事W_{12}および熱量Q_{12}を（a）等圧変化、（b）定容（等積）変化の各場合について求めたい。

次の手順の文章の空欄【A】～【I】に当てはまる最も近い数値を〔数値群〕から選び、その番号を解答用紙の解答欄【A】～【I】にマークせよ。
ただし、空気のガス定数$R = 0.7171$ kJ/（kgK）、比熱比$\kappa = 1.400$とし、空気は理想気体とする。

手順
（a）等圧変化
　P＝一定のとき、一般的な理想気体の変化を求めるP、V、T関係のボイル・シャルの法則に、P＝一定を代入すると、加熱前後の容積V_2は【A】m^{3}となり、外部への密閉系の仕事W_{12}は【B】Jである。
　また、気体の質量mは【C】kgであり、さらに、定圧比熱C_Pは【D】kJ/(kgK)なので、これらの値を用いると、熱量Q_{12}は【E】kJとなる。

（b）定容変化
　V＝一定のとき、(a)と同様にボイル・シャルルの法則に、V＝一定を代入すると、P_2＝【F】Paが得られる。また、外部への密封系の仕事W_{12}は容積が変化しないのでW_{12}＝【G】となる。定容比熱C_vは【H】kJ／(kgK)なので、Q_{12}＝【I】kJが得られる。

〔数値群〕

① 0	② 0.012	③ 0.077	④ 0.11	⑤ 1.8
⑥ 2.2	⑦ 2.5	⑧ 4.0	⑨ 180	⑩ 250
⑪ 500	⑫ 7.1×10^4	⑬ 4.0×10^6		

令和2年度 問題Ⅱ

2 3層の平行平板の重ね壁からなる断熱材であるレンガの断熱性能を考える。断熱材内外面温度を $T_1 = 1000$ K、$T_4 = 400$ K とする。定常1次元の熱伝導とし、接触面での熱抵抗は無視できるとすると、この壁の単位時間（1秒）、単位面積（$1\mathrm{m}^2$）からの放熱量すなわち熱流束 q[W/m^2] および断熱材それぞれの接触面の温度 T_2[K]、T_3[K]を求めたい。ただし、図は n 枚の平行平板について温度を θ で表しているので、θ を T に置き換え n を3枚として用いる。ただし、レンガの厚みおよび熱伝導率はそれぞれ、$\delta_1 = 20$cm、$\delta_2 = 10$cm、$\delta_3 = 20$cm、$\lambda_1 = 0.650$ W/(mK) および $\lambda_2 = 0.160$ W/(mK)、$\lambda_3 = 1.30$ W/(mK) とする。

手順に沿って求め、【A】～【J】に当てはまる適切な式および最も近い数値を〔選択群〕から選び、その記号を解答用紙の解答欄【A】～【J】にマークせよ。

手順

右図は多層平板の1次元定常熱伝導を示したものである。熱の流れ方向を x とし、θ を温度として、図のように各層の θ、熱伝導率 λ、断熱材の厚み δ が与えられているとする。フーリエの法則は単位面積（$1\mathrm{m}^2$）当たりの熱流量（熱流束）を q とすると、

$q = -\lambda(\mathrm{d}\theta/\mathrm{d}x)$ で定義される。この式を

$q\mathrm{d}x = -\lambda\mathrm{d}\theta$ と書き換え、1番目の断熱材に適用し、

$x = 0$ のとき　$\theta = \theta_1$

$x = \delta_1$ のとき　$\theta = \theta_2$

の境界条件で定積分すると、簡単にフーリエの積分形の式が

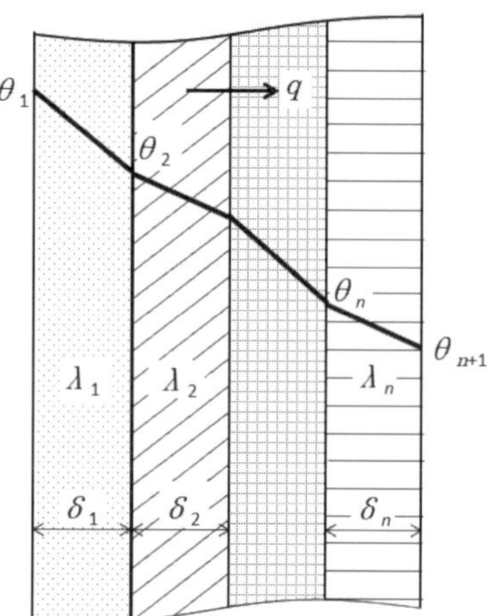

$q =$【A】　　　　（1）

のように得られる。

この式を、熱抵抗の形に書き換えると、

$q =$【B】　　　　（2）

のようになる。q はどの平板を通る量も同じであり、同様に、熱抵抗の形を2番目の平板、3番目の平板に適用すると、それぞれ、

$q =$【C】　　　　（3）

$q =$【D】　　　　（4）

が得られる。これら（3）式および（4）式は等しいので、結局 n 枚の多層平板では、n 個の直列の抵抗を持ったオームの法則と同様に n 枚の多層平板の熱伝導の式が導かれる。

$$q = \frac{\theta_1 - \theta_{n+1}}{\sum_{i=1}^{n} \frac{\delta_i}{\lambda_i}} \qquad (5)$$

また、断熱材の接面温度 θ_2、θ_3・・・θ_n を求めるには、（1）式または（2）式を

θ_2 =【E】　　　　　　　　　　（6）

と変換することによって、q が求められれば、（6）式より、θ_2 が求められ、同様にして、（3）式を θ_3 =【F】　　　　　　　　　　（7）

と変換することにより、θ_2 が求められれば θ_3 が求められる。したがって、θ を T に置き換え n を3にすると（5）式は

q =【G】　　　　　　　　　　（8）

となり、断熱材内外面の温度が与えられ、それぞれの厚みと熱伝導率が与えられれば、q を求めることができる。したがって、（8）式に設問で与えられた数値を代入すると、

q =【H】W/m^2　　　　　　　　　　（9）

が得られる。この値を θ を T に変え（6）式に代入すれば、

T_2 =【I】Kが得られ、同様に、この T_2 の値を（7）式に θ を T に変えて代入すれば

T_3 =【J】Kと各断熱材の接面温度を求めることができる。

〔選択群〕

① $(\delta_1/\lambda_1)(\theta_1-\theta_2)$　② $(\lambda_1/\delta_1)(\theta_1-\theta_2)$　③ $(\theta_1-\theta_2)/(\lambda_1/\delta_1)$

④ $(\theta_1-\theta_2)/(\delta_1/\lambda_1)$　⑤ $(\theta_2-\theta_3)/(\delta_2/\lambda_2)$　⑥ $(\theta_2-\theta_3)/(\lambda_2/\delta_2)$

⑦ $(\theta_3-\theta_4)/(\lambda_3/\delta_3)$　⑧ $(\theta_3-\theta_4)/(\delta_3/\lambda_3)$　⑨ $\theta_1-(\lambda_1/\delta_1)q$

⑩ $\theta_1-(\delta_1/\lambda_1)q$　⑪ $\theta_2-(\lambda_2/\delta_2)q$　⑫ $\theta_2-(\delta_2/\lambda_2)q$

⑬ $(T_1-T_4)/\{(\lambda_1/\delta_1)+(\lambda_2/\delta_2)+(\lambda_3/\delta_3)\}$

⑭ $(T_1-T_4)/\{(\delta_1/\lambda_1)+(\delta_2/\lambda_2)+(\delta_3/\lambda_3)\}$

⑮ 490　⑯ 550　⑰ 570

⑱ 650　⑲ 760　⑳ 830

令和2年度 問題Ⅱ

〔6. 制御工学〕

1 自動制御は制御方式により、閉ループ制御と開ループ制御の 2 つに大きく分類することができる。閉ループ制御の代表的なものとして「フィードバック制御」があり、近年では産業機械だけでなく、AI（人工知能）が活用されているロボットやドローンなどにも適用されている。以下は、フィードバック制御系の基本構成を示すブロック線図である。空欄【 A 】～【 F 】に最も適切な用語を〔語句群〕から選び、その番号を解答用紙の解答欄【 A 】～【 F 】にマークせよ。さらに、右表の空欄【 G 】～【 L 】に最も適切な用語の機能を〔選択群〕から選び、その番号を解答用紙の解答欄【 G 】～【 L 】にマークせよ。ただし、重複使用は不可である。

用　語	用語の機能
【A】	【G】
【B】	【H】
【C】	【I】
【D】	【J】
【E】	【K】
【F】	【L】

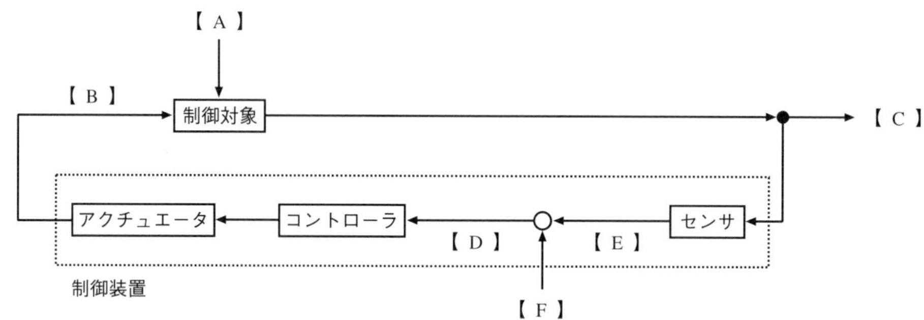

〔語句群〕

① 外乱　② 過渡応答　③ シーケンス　④ 状態量
⑤ 制御偏差　⑥ 制御量　⑦ 操作量　⑧ 定常応答
⑨ フィードバック量　⑩ 目標値

〔選択群〕

① 制御系において、目標値に一致させるために制御量を支配することができる量である。
② 制御系において、システムの出力を入力側に戻す量であり、出力変化を増長する「正帰還」と出力変化を抑える「負帰還」がある。制御系では、安定するシステムとするため「負帰還」を使うことが一般的である。
③ 制御系における入力信号であり、制御量がその値をとるように目標として与える量である。
④ 制御系において、その系の状態を乱そうとする外的作用である。
⑤ 制御系において、目標値と制御量の差であり、この差を速やかに減らすことが求められる量である。
⑥ 制御対象に属する量のうちで、それを制御することが目的となっている量である。

2 右図に示すダッシュポットとばねを用いたシステムについて、次の設問（1）～（4）に答えよ。ただし、ばね定数 $k = 5$[N/m]，ダッシュポットの減衰係数 $c = 3$[N·s/m] とする。

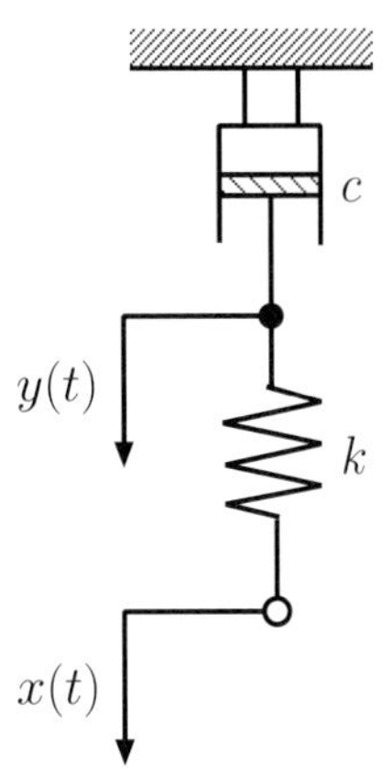

（1）変位 $x(t)$ を入力、変位 $y(t)$ を出力とする。この系の伝達関数 $G(s)$ を計算し、適切な数式を下記の〔数式群〕の中から選び、その番号を解答用紙の解答欄【A】にマークせよ。

〔数式群〕

① $3s+5$　② $5s+3$　③ $\dfrac{3}{3s+5}$　④ $\dfrac{5}{5s+3}$

⑤ $\dfrac{5}{3s+5}$　⑥ $\dfrac{3}{5s+3}$　⑦ $\dfrac{3}{3s^2+5s}$　⑧ $\dfrac{5}{5s^2+3s}$

⑨ $\dfrac{3}{5s^2+3s}$　⑩ $\dfrac{5}{3s^2+5s}$

（2）この系の単位ステップ応答について、遅れ時間 t_d[s] を計算し、最も近い値を下記の〔数値群〕の中から選び、その番号を解答用紙の解答欄【B】にマークせよ。

［参考］

この系に単位ステップ入力を加えたときの出力は、

$$Y(s) = G(s)X(s),\ \ X(s) = \frac{1}{s}$$

さらに、基本的な関数に対するラプラス変換は右表となる。

ラプラス変換表

$f(t)$	$F(s)$
1	$\dfrac{1}{s}$
e^{-at}	$\dfrac{1}{s+a}$

〔数値群〕単位：s

① 0.05　② 0.29　③ 0.42　④ 0.60　⑤ 0.84　⑥ 1.07　⑦ 1.32　⑧ 1.59

（3）この系の単位ステップ応答について、立ち上がり時間 t_r[s] を計算し、最も近い値を下記の〔数値群〕の中から選び、その番号を解答用紙の解答欄【C】にマークせよ。

〔数値群〕単位：s

① 0.05　② 0.29　③ 0.42　④ 0.6　⑤ 0.84

⑥ 1.07　⑦ 1.32　⑧ 1.59　⑨ 1.8　⑩ 2.03

（4）この系の単位ステップ応答について、応答が定常値の± 5% 以内に入るまでの整定時間 t_s[s] を計算し、最も近い値を下記の〔数値群〕の中から選び、その番号を解答用紙の解答欄【D】にマークせよ。

〔数値群〕単位：s

① 0.05　② 0.29　③ 0.42　④ 0.6　⑤ 0.84

⑥ 1.07　⑦ 1.32　⑧ 1.59　⑨ 1.8　⑩ 2.03

〔7. 工業材料〕

1 次の一覧表は、各種鋼材の種類を記載したものである。個々の鋼材に当てはまる、代表的な種類のJISによる記号欄【 A 】～【 F 】については〔記号群〕の中から、主な用途欄【 G 】～【 L 】については〔用途群〕の中から、最も適切なものを一つずつ選び、その番号を解答用紙の解答欄【 A 】～【 L 】にマークせよ。ただし、重複使用は不可である。

鋼材の種類	該当JIS	代表的な種類のJISによる記号	主な用途
ステンレス鋼棒	JIS G 4303	【 A 】	【 G 】
機械構造用合金鋼鋼材	JIS G 4053	【 B 】	【 H 】
合金工具鋼鋼材	JIS G 4404	【 C 】	【 I 】
ばね鋼鋼材	JIS G 4801	【 D 】	【 J 】
硫黄及び硫黄複合快削鋼鋼材	JIS G 4804	【 E 】	【 K 】
高速度工具鋼鋼材	JIS G 4403	【 F 】	【 L 】

〔記号群〕

① SUM23　② SUJ2　③ SKH57　④ SKD11
⑤ SUP6　⑥ SUS304　⑦ SCS13　⑧ SCM440

〔用途群〕

① ドリル、バイトなど
② 機械のカバー、ピストンリングなど
③ プレス金型、冷間鍛造金型など
④ 高強度・強じん性を重視したボルト、シャフトなど
⑤ コイルばね、重ね板ばねなど
⑥ 橋、船舶など
⑦ 加工精度を重視した機械部品など
⑧ 耐食性を重視した食品機械用器具、医科用器具など

2

次の 設問（1）～（8）は代表的な非鉄金属について、特徴または用途を説明したものである。空欄【 A 】～【 H 】に当てはまる金属の名称を、下記〔語句群〕の中から最も適切なものを選び、その番号を解答用紙の解答欄【 A 】～【 H 】にマークせよ。ただし、重複使用は不可である。

（1）最も軽い金属は【 A 】である。
（2）最も融点が高い金属は【 B 】である。
（3）ステンレス鋼に必ず 11％以上含有している金属は【 C 】である。
（4）ブリキ板に用いられているめっき金属は【 D 】である。
（5）トタン板に用いられているめっき金属は【 E 】である。
（6）最も熱伝導率が高い金属は【 F 】である。
（7）鉄より軽くて耐海水性の優れた金属は【 G 】である。
（8）真鍮は【 H 】と亜鉛の合金である。

〔語句群〕

① 銅（Cu）	② クロム（Cr）	③ アルミニウム（Al）	④ ニッケル（Ni）
⑤ 金（Au）	⑥ 銀（Ag）	⑦ 亜鉛（Zn）	⑧ マグネシウム（Mg）
⑨ モリブデン（Mo）	⑩ チタン（Ti）	⑪ 錫（Sn）	⑫ タングステン（W）

令和２年度　３級　試験問題Ⅰ　解答・解説

（1. 機構学・機械要素設計　4. 流体工学　8. 工作法　9. 機械製図）

[1. 機構学・機械要素設計]

1　解答

（1）

A	B	C	D	E
①	⑦	⑧	⑥	⑪

（2）

F
⑦

解説

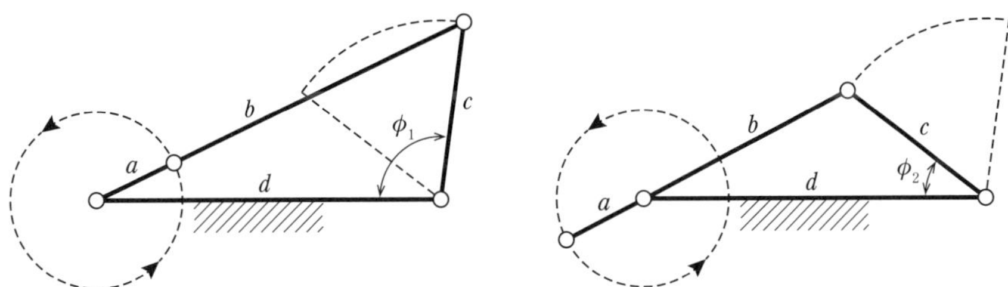

揺動するリンク c が右端位置に移動したときの角 ϕ_1 を三角形の性質（余弦定理）により求めると，

$$\cos\phi_1 = \frac{c^2 + d^2 - (a + b)^2}{2cd} = \frac{200^2 + 400^2 - (100 + 350)^2}{2 \times 200 \times 400} \text{ より，}$$

$\phi_1 = 90.895°$

揺動するリンク c が左端位置に移動したときの角 ϕ_2 を三角形の性質（余弦定理）により求めると，

$$\cos\phi_2 = \frac{c^2 + d^2 - (b - a)^2}{2cd} = \frac{200^2 + 400^2 - (350 - 100)^2}{2 \times 200 \times 400} \text{ より，}$$

$\phi_2 = 30.754°$

したがって，$\phi = \phi_1 - \phi_2 = \underline{60.1°}$

2

（1）**解答**

A
④

解説

引張試験にて，ボルトに0.2％の永久伸びを生ずるであろうという点の荷重応力を耐力という．鉄鋼製ねじの強度区分は重要で，強度区分「4.6」は

「4」：最小引張強さが，400 MPa（N/mm^2）であることを示す．

「6」：降伏点または耐力の引張強さとの度合いで，60％を示す．

つまり，400 MPa（N/mm^2）× 0.6 ＝ <u>240 MPa</u>

（2）

（a）**解答**

B
③

解説

締付け力の最大値 P は，

$$P = \frac{\pi}{4} d_1^2 \sigma_a = \frac{3.14}{4} \times (17.294)^2 \times 60 = 14\,086 = \underline{14.1\ \mathrm{kN}}$$

（b）**解答**

C
③

解説

ボルトを用いて鋼板を締め付けるとき，ボルトはせん断荷重 F を受ける．

このとき，ボルトが受けるせん断応力 τ は $F = \frac{\pi}{4} d^2 \tau$ より，

$$\tau = \frac{F}{\frac{\pi}{4} d^2} = \frac{9.6 \times 10^3}{\frac{3.14}{4} \times (20)^2} = 30.57 = \underline{30.6\ \mathrm{MPa}}$$

3

（1）**解答**

A
③

解説

歯車と同じように考えて，つめ車の外径 D を歯先円直径とすれば，

つめ車の円ピッチ p_c は $D \cdot \pi = z \cdot p_c$ より，$D = \dfrac{z \cdot p_c}{\pi}$ である．

また，トルク T とつめ車の歯にかかる力 F の間には $T = F \cdot \dfrac{D}{2}$ の関係があるので，

$$F = \frac{2T}{D} = \frac{2\pi T}{z \cdot p_c}$$

さらに，$Fh = \dfrac{2\pi T \cdot h}{z \cdot p_c} = \dfrac{2\pi T \cdot 0.35}{z}$，$\dfrac{be^2}{6}\sigma_a = \dfrac{(0.5p_c)^3}{6}\sigma_a$ より，

設問〔参考〕の関係式は

$$\frac{2\pi T \cdot 0.35}{z} = \frac{(0.5p_c)^3}{6}\sigma_a$$

$$\therefore\ p_c = \sqrt[3]{\frac{12 \times 0.35}{(0.5)^3} \cdot \frac{\pi T}{z \cdot \sigma_a}} = \sqrt[3]{\frac{12 \times 0.35}{(0.5)^3} \cdot \frac{3.14 \times 300 \times 10^3}{20 \times 30}} = \underline{37.5\ \mathrm{mm}}$$

（2）**解答**

B
③

解説

モジュールを m とすれば，$m = \dfrac{p_c}{\pi} = \dfrac{37.5}{3.14} = 11.9$ より $m = 12$

$$D = zm = 20 \times 12 = \underline{240\ \mathrm{mm}}$$

（3）**解答**

C
④

解説

歯にかかる力 F は，$F = \dfrac{2T}{D}$ である．

また，設問（2）よりモジュール $m = 12$ のとき

$$p_c = \pi m = 3.14 \times 12 = 37.7$$

$$p = \frac{F}{bh} = \frac{2T}{bhD} = \frac{2 \times 300 \times 10^3}{0.5 \times 0.35 \times (37.7)^2 \times 240} = \underline{10.1\ \mathrm{MPa}}$$

[4. 流体工学]

1 解答

A	B	C	D	E	F	G	H	I	J
⑫	④	⑪	①	②	⑨	⑤	③	⑧	⑩

2 解答

A	B	C
③	⑤	⑤

解説

（1）断面①における水の速度を v_1 とすると

連続の式より，

$$Q = A_1 v_1$$

$$v_1 = \frac{Q}{A_1} = \frac{5.50}{\frac{\pi}{4} \times 0.2^2 \times 60} = \underline{2.92\ \mathrm{m/s}}$$

（2）ポンプが水に与える負荷エネルギーを E_{sp} とし，断面②における水の速度を v_2，①と②の地面からの高さをそれぞれ z_1，z_2 とすると，

ベルヌーイの定理より，

$$\frac{v_1^2}{2} + \frac{p_1}{\rho} + gz_1 + E_{sp} = \frac{v_2^2}{2} + \frac{p_2}{\rho} + gz_2$$

ここで，

$$Q = A_2 v_2$$

$$v_2 = \frac{Q}{A_2} = \frac{5.50}{\frac{\pi}{4} \times 0.15^2 \times 60} = 5.19\ \mathrm{m/s}$$

$$\frac{2.92^2}{2} + \frac{-30.0 \times 10^3}{1\,000} + 0 + E_{sp} = \frac{5.19^2}{2} + \frac{250 \times 10^3}{1\,000} + 9.8 \times 4.0$$

$$E_{sp} = \underline{328\ \mathrm{J/kg}}$$

（3）ポンプが水に与える水動力は，

$$P_w = \rho Q E_{sp} = 1\,000 \times \frac{5.50}{60} \times 328 = 30\,067\ \mathrm{W} = \underline{30.1\ \mathrm{kW}}$$

[8. 工 作 法]

1 解答

A	B	C	D	E	F	G	H	I	J
⑥	⑨	⑦	⑤	⑦	④	⑩	②	⑧	④

解説

加工に関連ある単位の選択であり，工作法の問題としては初めての出題である．平常ではあまり気にしない単位であるが，単位自体がディメンションとして重要な意味を持っているので，再確認をしておきたい．

表面性状の中で重要なものに表面粗さがある．粗さパラメータの中で最も頻繁に使われる算術平均粗さ *Ra* はマイクロメートル ［μm］ で表示することになっている．

機械加工の加工条件である切削速度は分速 ［m/min］ で表す．旋盤の主軸回転数は，かつては［rpm］で表示されたが，今は ［min^{-1}］ であるので正確には回転速度と言われる．旋盤の外形削りにおいてはこの回転速度と工作物外周長［m］を掛けることで切削速度が求められる．フライス加工では工具が回転するので，工具外周長を掛けることになる．

同じく加工条件の一つである送り速度は，旋盤加工などでは ［mm/rev］ で設定する．旋盤ではねじ切りという作業があるので，バイトの送り速度が主軸の回転速度と連動している必要があるからである．一方，フライス加工では，送りは独立して作動するので ［mm/min］ で設定する．

旋盤の大きさは，その機械に取り付けられる最大の工作物の寸法で示すことが一般的である．最大工作物の直径 ［mm］ が振り（スウィング）である．振りにはベット上の振りと往復台上の振りがある．

比切削抵抗とは単位切削面積［m^2］当たりの切削抵抗である．したがって，圧力や応力と同じ ［Pa］ で表す．例えば，鋼類ではおおよそ 2 000 ～ 2 500［MPa］，アルミニウムでは 590［MPa］，ステンレス鋼では 3 070［MPa］といった値となる．

プレスの加圧力は，かつては○○トンプレス機というような言い方をされていたが，今は SI 単位となっている．ストローク数は［spm：毎分のストローク数］であるが，クランクプレスに代表される機械プレスでは回転運動をスライド運動（直線往復運動）に変換しているので，回転速度の単位である ［min^{-1}］ で表されることもある．

2 解答

A	B	C	D	E	F	G	H	I	J	K	L
⑦	⑤	①	①または⑥	⑮	⑯	③	⑭	⑩	②	⑬	⑫

解説

加工の基本的な知識を問う問題であり，今までも頻繁に出題されている．各項目に関して多少のコメントをしておく．

（1）切削速度に関しては前問で解説したとおりである．外形削りによる軸方向の幾何学的理論粗さ Rz は，バイトの刃先丸みを r［mm］，送り速度を f［mm/rev］とすると，約 $(f^2/8r)\times 1\,000$［μm］で表されるので送りの影響が大きいことがわかる．

（2）工具の寿命時間 T［min］と切削速度 V［m/min］の関係は，テーラの寿命方程式 VT^n = C（一定）で表せるので，工具寿命に与える切削速度の影響がいかに大きいかがわかる．

（3）切削速度はドリルの周長×回転速度（回転数）で求められるので，周長が小さい分回転速度（回転数）を上げる必要がある．しかし，工作機械の主軸回転速度は限界があるので低速での切削が余儀なくされてしまう．その時超硬合金は硬さが大きいがじん性が無いために欠けてしまう．特にドリルは刃長が長いために変形や振動が大きく，欠けやすい．そこで，切削工具が超硬化されている中で，小径ドリル加工ではじん性のある高速度工具鋼（ハイス，SKH）が未だ多く用いられている．

（4）スプリングバックは降伏点が高く，縦弾性係数が小さい材料ほど大きくなりやすい．また，曲げ角が大きいほど，曲げ半径が板厚に比して大きいほど，大きくなると言われている．

（5）ボルトの製造には切削加工による方法と塑性加工である転造による加工法がある．精度が要求されるボルトでは切削加工が採用されるが，量産では転造にかなわない．転造では材料内部組織の切断が無いので強度にも優れている．転造はねじ以外に歯車やスプライン等の加工に用いられている．

（6）塑性加工である引抜き加工では，多くの場合室温で加工を行う．棒材引抜き，線引き（伸線），管材引抜きに分類できる．

（7）押出し加工は引抜き加工とは異なり素材をダイスから押出すことで，ダイス穴形状と同じ断面を有する長尺材を作る方法である．加工材料は非鉄金属である場合が多い．

（8）圧延加工には熱間と冷間があり，熱間加工では鋳造組織の圧着破壊や内部応力の解放などの効果が，冷間加工では高い強度，表面仕上げや寸法精度の向上が期待できる．

（9）研削加工に使われる工具である砥石には自生発刃の効果があるとされている．砥粒が摩耗することで研削抵抗が増加し砥粒を把持できずに脱落する．するとその後ろにある新たな砥粒切れ刃が表面に出て研削が継続できるという現象である．研削砥石の性能は，砥粒の種類，粒度，結合剤，結合度，組織の５つにより左右されるが，自生発刃効果には結合度の影響が大きい．

（10）最適な研削は自生発刃が実現できる条件を整えることが重要である．しかし，目づまり，目つぶれなどで研削効率が低下するトラブルが発生する．この時にはダイヤモンド工具などを砥石表面に押し付けることで強制的に摩耗した砥粒を脱落させる必要が出てくる．この目立ての作業をドレッシングと呼んでいる．同じ作業であるが形直しを目的とする場合にはツルーイングと呼んでいる．

令和２年度　問題Ⅰ　解答・解説

[9. 機械製図]

1 解答

A	B	C	D	E	F	G	H	I	J
②	④	③	②	①	②	④	②	①	③

解説

機械製図に関する基本的な問題で，正しく説明または表している文章の番号を選択する．各設問の正解については番号の前に○をつけ，間違えている文章については，間違いの箇所にアンダーラインを引き，正しい語句を文末の（　　）内に示す．

【A】製図用紙，尺度に関する設問．

① 機械製図に用いられる製図用紙の大きさは，A1 ～ A4 である．（A0）

○ ② 多品一葉図面は，いくつかの部品を一枚の製図用紙に描いたものである．

③ 製図用紙に設ける必須事項は，輪郭線，表題欄，方向マークである．（中心）

④ 尺度の種類は，等尺，縮尺，倍尺である．（現尺）

【B】寸法に関する設問．

① 寸法数値が四角い枠で囲ってある寸法を，理想寸法という．（理論的に正確な）

② 寸法数値が括弧でくくってある寸法を，参照寸法という．（参考）

③ 寸法数値の下に細い線が引いてある寸法を，非比例寸法という．（太い）

○ ④ 他の寸法から導かれる寸法で，情報提供を目的とする寸法を，補助寸法という．

【C】寸法補助記号に関する設問．

① CR20 は，球半径 20 mm を示す．（SR20）

② 30□は，正方形の一辺 30 mm を示す．（□30）

○ ③ t5 は，板の厚さ 5 mm を示す．

④ S ϕ40 は，丸棒の直径 40 mm を示す．（ϕ40）

【D】ϕ35H7 の許容差を表す記入法に関する設問．

上及び下の許容差を示す場合には，下の許容差の上側に上の許容差を記入する．いずれか一方の許容差がゼロの場合には，数字 0 で示す．従って，**②が正答**である．

① $\phi 35\mathrm{H7}\begin{pmatrix} 0 \\ -\ 0.025 \end{pmatrix}$　② $\phi 35\mathrm{H7}\begin{pmatrix} +\ 0.025 \\ 0 \end{pmatrix}$　③ $\phi 35\mathrm{H7}\begin{pmatrix} +\ 0.025 \\ -\ 0 \end{pmatrix}$　④ $\phi 35\mathrm{H7}\begin{pmatrix} +\ 0 \\ -\ 0.025 \end{pmatrix}$

【E】図の表し方で，図の配置に関する設問.

正面図の選び方としては，加工に当たって図面を最も多く利用する工程で，品物を置く状態を表す配置とする．従って，**①が正答**である.

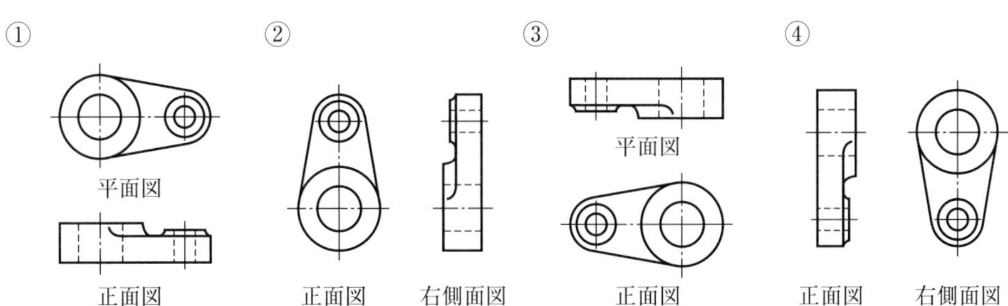

【F】**図1**に示す中心線上に施されている2本の平行細線を示す記号についての設問.

この記号は，対称図形を省略する場合に用いられる記号で，対称図示記号と呼ばれている．**②が正答**である.

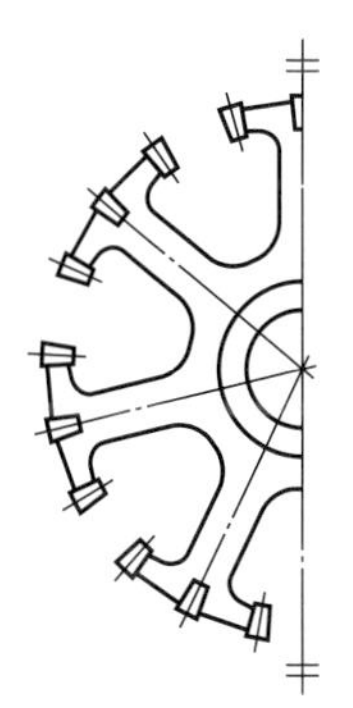
図1　対称図示記号

【G】はめあいのすきまばめに関する設問.

① φ40H7/t6（しまりばめ）

④ φ40H7/k6（中間ばめ）

③ φ40H7/m6（中間ばめ）

○ ④ φ40H7/h6（すきまばめ）

【H】ねじの呼びの表し方に関する設問.

① ねじの呼びの表し方で，Tr10 × 2 は，ミニチュアねじを表している．（メートル台形）

○ ② ねじの呼びの表し方で，Rc¾ は，管用テーパめねじを表している.

③ ねじの呼びの表し方で，M8 × 1 は，メートル並目ねじを表している．（細目）

④ ねじの呼びの表し方で，G½ は，管用テーパおねじを表している．（平行）

【Ｉ】機械要素の製図に関する設問.

○　① 転がり軸受製図には，基本簡略図示方法と個別簡略図示方法がある.

② ねじ製図において，ねじの谷底を表す線は，細い一点鎖線を用いる.（実線）

③ 歯車製図において，歯底の線は細い破線を用いる.（実線）

④ ばね製図において,図中に記入しにくい事項は,一括して表題欄に表示する.(要目表)

【Ｊ】軸関係に関する設問.

① 軸のはめあい記号は，アルファベットの大文字で表す.（小文字）

② キー溝の寸法（幅×高さ）は，軸の長さにより決定する.（直径）

○　③ 転がり軸受の呼び番号は，基本番号と補助記号から構成する.

④ こう配キーを用いる場合，軸のキー溝に 1/100 のこう配をつける.（穴）

2　解答

A	B	C
①	②	②

解説

JIS 機械製図における寸法記入法に関する問題である.

【A】円弧の長さの表し方に関する設問.

弦の長さは，弦に直角に寸法補助線を引き，弦に平行な寸法線を用いて表す（**図 2**）.

円弧の長さは，この場合と同様な寸法補助線を引き，その円弧と同心の円弧を寸法線として引き, 寸法数値の前または上に円弧の長さの記号“⌒”を付ける. **①が正答**である (**図 3**).

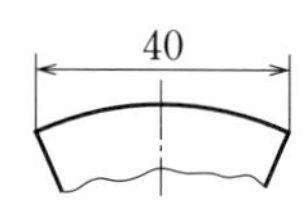

図 2　弦の長さの表示

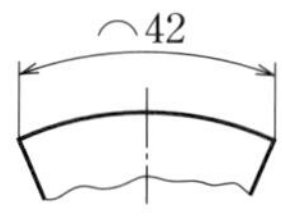

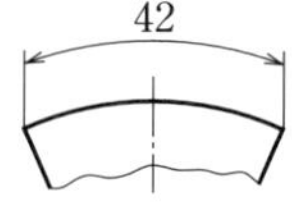

図 3　円弧の長さの表示

【B】丸軸の面取り角度 45°，面取り長さ 2 mm を表した寸法記入法に関する設問.

面取りの表し方は，JIS 機械製図に掲載されている製図例を示す．面取り角度 45° の場合には，“ 面取りの寸法数値 × 45°”（**図 4**），又は面取り記号“ *C* ”を寸法数値の前に寸法数値と同じ文字高さで記入して表す（**図 5**）．従って，**誤りは**②である.

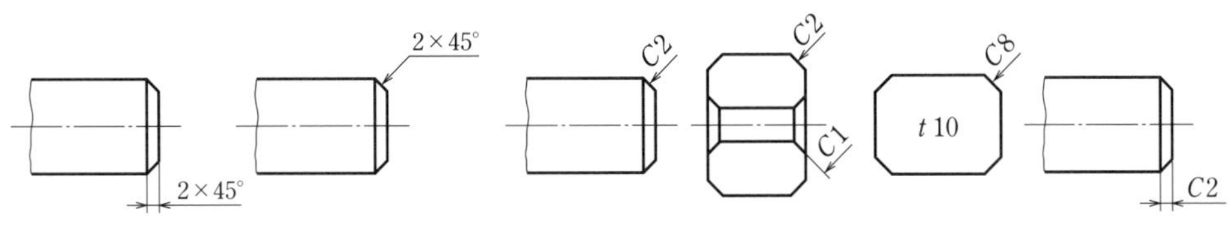

図 4　面取りの寸法数値 45°の場合　　　**図 5**　面取り記号“C”で表す場合

【C】板厚 20 mm の板に対し深ざぐり穴を表した寸法記入法についての設問.

ざぐり又は深ざぐりの表し方は，ざぐりを付ける穴の直径を示す寸法の前に，ざぐりを示す記号“⌴”に続けてざぐりの数値を記入する．**図②は誤り**である．①は穴とざぐり穴を並列に記載した図例（**図 6**），③は直列に記載した図例（**図 7**）である．④は深ざぐりの底の位置を反対側の面からの寸法を規制する必要がある場合に，その寸法線を指示した図例（**図 8**）である．

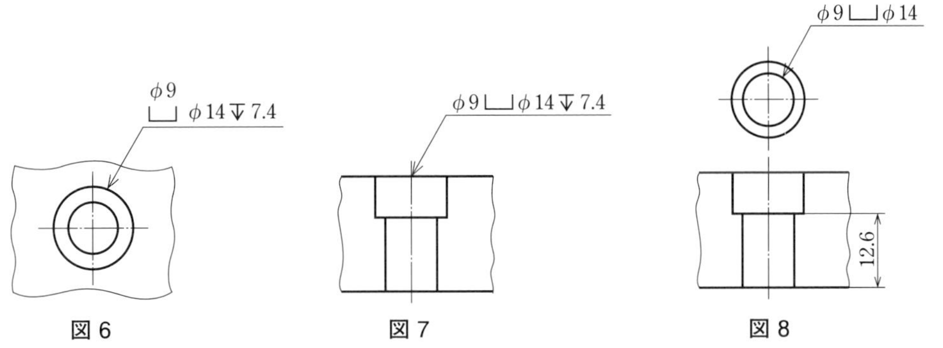

図 6　　**図 7**　　**図 8**

3 解答

（1）

A	B	C	D	E	F	G	H	I	J	K	L	M
③	①	②	⑤	⑨	⑦	⑥	⑪	⑧	⑩	⑫	⑬	⑫

（2）

N	O	P	Q
③	①	②	⑤

解説

幾何公差に関する問題である.

（1）幾何公差の種類と特性・記号およびデータムの関係に関する設問.

JIS に規定されている幾何特性に用いる記号を**表 1** に示す.

表 1 幾何特性に用いる記号

公差の種類	特 性	記号	データム指示	公差の種類	特 性	記号	データム指示
形状公差	真直度	―	否	姿勢公差	線の輪郭度	⌒	要
	平面度	▱	否		面の輪郭度	⌓	要
	真円度	○	否	位置公差	位置度	⌖	要・否
	円筒度	⌭	否		同心度(中心点に対して) 同軸度(軸線に対して)	◎	要
	線の輪郭度	⌒	否		対称度	⌯	要
	面の輪郭度	⌓	否		線の輪郭度	⌒	要
姿勢公差	平行度	//	要		面の輪郭度	⌓	要
	直角度	⊥	要	振れ公差	円周振れ	↗	要
	傾斜度	∠	要		全振れ	⌰	要

(JIS B 0021 : 1998)

（2）幾何公差の図示法に関する設問.

幾何公差の図示法は，公差記入枠を用いる.

幾何公差の要求事項は，**図 9** に示す公差記入枠に左から順に（幾何特性），（公差値），（データム）を記入する．この公差記入枠を（指示線）によって対象となる形体と結び付ける.

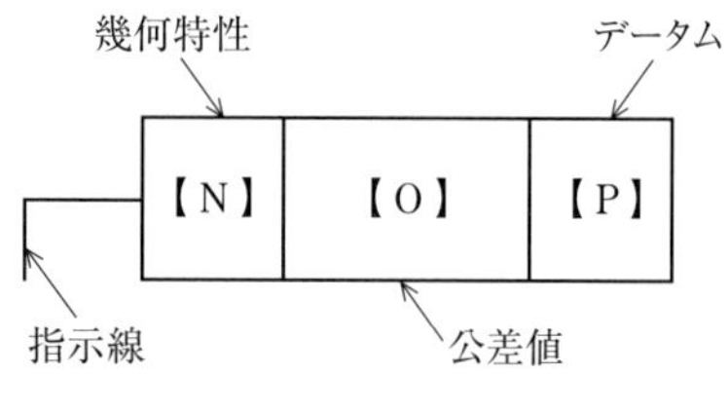

図 9 公差記入枠

4　解答

A	B	C	D	E	F	G
⑧	⑭	⑤	⑨	⑪	④	②

解説

二方コックの部品図に関する問題である.

各設問の解答である正しい語句を（　）内に示す.

（1）軸端に記入されている細い対角線は（平面）を表している.

図形内の特定の部分が平面であることを特に表示する必要がある場合には，細い実線で対角線を記入する（**図10**）.

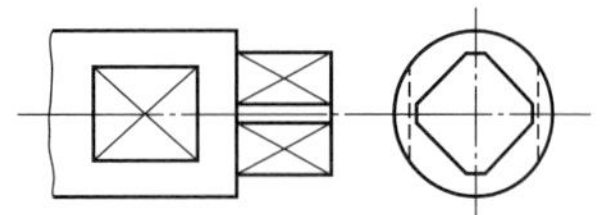

図 10　平面部分の図示

（2）主投影図に施されている断面図の種類は（部分断面図）である.

部分断面図とは，外形図において必要とする要所の一部分だけを断面図として表した図をいう．破断線によって，その境界を示す（**図11**）.

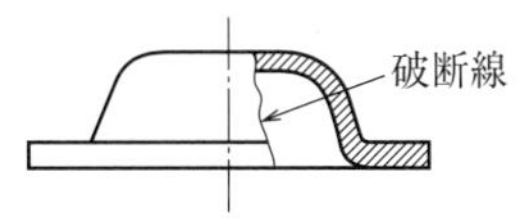

図 11　部分断面図

（3）断面部分に施されている45度に引かれた平行細線を（ハッチング）という.

切断面をわかりやすくするため，切断面の切り口にハッチングを施す．ハッチングは，細い実線で等間隔に，主なる中心線に対して45度に施す（**図12**）.

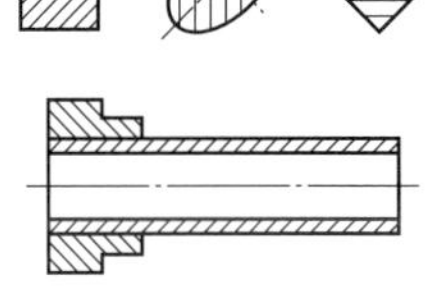

図 12　ハッチング

（4）大径 $\phi46$，小径 $\phi33$，長さ65の部分のテーパ比は（1：5）である.

テーパ比とは $(a-b):l$ で示す（**図13**）．右図の場合，$a=46$，$b=33$，$l=65$ なので，

$$(46-33):65=13:65=1:5$$

したがって，テーパ比は1：5となる.

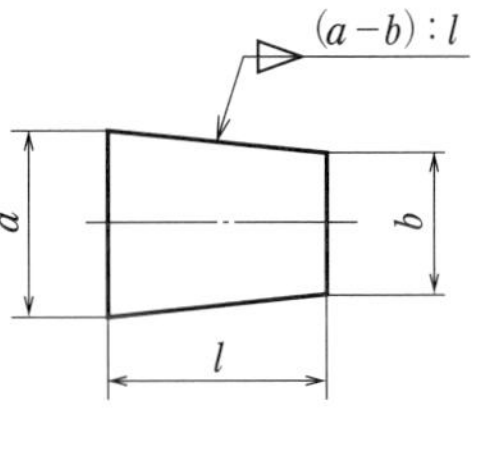

図 13　テーパ

（5）テーパ上に描かれている一点鎖線で結ばれている部分の図名は（局部投影図）である．

対象物の穴，溝など一局部だけの形を図示すればよい場合，その必要部分を局部投影図として表すことができる（**図 14**）．

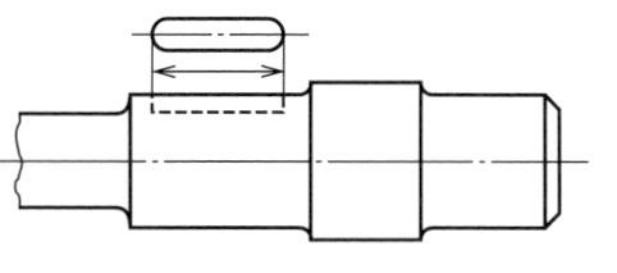

図 14　局部投影図

（6）図面中に記入されている $\sqrt{Ra\ 25}$ 等の記号は総称して（表面性状）と呼ばれる．

表面性状の要求事項を指示する場合には，**表 2** に示した図示記号を用いて指示する．

表 2　表面性状の図示記号

除去加工の要否を問わない場合	除去加工をする場合	除去加工をしない場合

（7）右下隅に描かれている記号 は，（第三角法）を表す．

投影法には第一角法もあり，**図 15** に示すような記号を用いる．

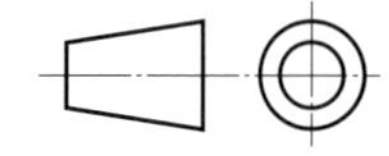

図 15　第一角法の記号

5 解答

A	B
①	④

解説

溶接部の記号および表示方法は，JIS Z 3021 溶接記号で規定されている．溶接記号は，溶接部の形状を表す基本記号（**表 3**）と溶接部の表面性状や仕上げ方法を表す補助記号（**表 4**）で指示する．

溶接記号は，**図 16**（a）に示すように，基線，矢および尾で構成され，必要に応じて寸法を添え,尾を付けて補足的な指示をする．尾は必要なければ省略できる．基線は基本記号や寸法を書く水平線とし，矢は溶接部を指示するもので，基線に対しなるべく 60° の直線で描く．

レ形，J 形，レ形フレアなど非対称な溶接部において，開先をとる部材の面またはフレアのある部材の面を指示する必要のある場合は，**図 17** に示すように矢を折線とし，開先をとる面またはフレアのある面に矢の先端を向ける．

溶接記号の基本記号の記入方法は, 図 17 に示すように溶接する側が矢の側または手前側のときに基線の下側に，矢の反対側または向こう側を溶接するときには基線の上側に密着して記入する．

表 3　基本記号

溶接の種類	記号		溶接の種類	記号
	矢の反対側または向こう側	矢の側または手前側		両側
I 形開先溶接				
V 形開先溶接			X 形開先溶接	
レ形開先溶接			K 形開先溶接	
J 形開先溶接				
U 形開先溶接			H 形開先溶接	
V 形フレア溶接				
レ形フレア溶接				
へり溶接				
すみ肉溶接				
プラグ溶接 スロット溶接				
肉盛溶接				
ステイク溶接				
抵抗スポット溶接				
溶融スポット溶接				
抵抗シーム溶接				
溶融シーム溶接				
スタッド溶接				

注）水平な細い点線は基線を示す　　(JIS Z 3021－2016による)

表 4　補助記号

名　称		補助記号	備　考
溶接部の表面形状	平ら		
	凸形		基線から外に向かって凸とする.
	凹形		基線の外に向かってへこみとする.
	滑らかな止端仕上げ		
溶接部の仕上方法	チッピング	C	
	グラインダ	G	
	切　削	M	
	研　磨	P	
裏波溶接			裏当ての材料，取り外しなどを指示するときは，尾に記載する.
裏当て			
全周溶接			
現場溶接			

（JIS Z 3021－2010による）

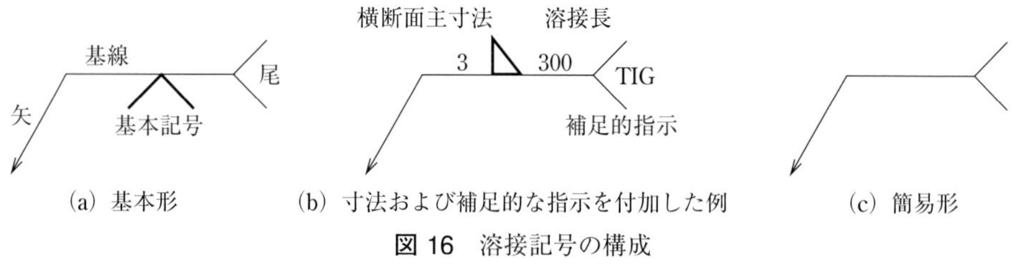

(a) 基本形　(b) 寸法および補足的な指示を付加した例　(c) 簡易形

図 16　溶接記号の構成

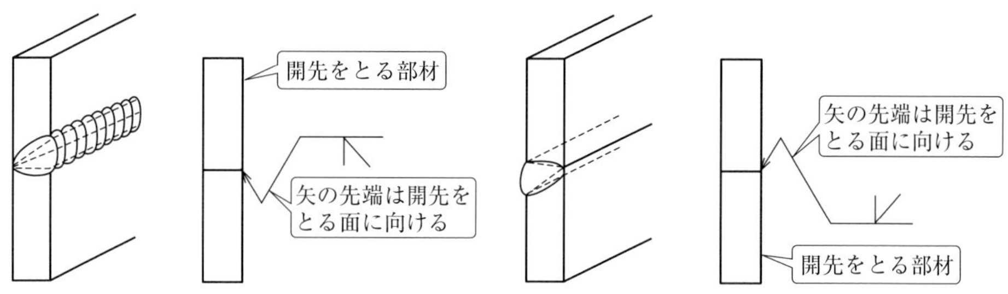

(a) 矢の側または手前側の溶接　(b) 矢の反対側または向こう側の溶接

図 17　溶接記号の指示方法

【A】V形開先溶接の例である（**図18**）．開先が対称な溶接部であるから開先をとる面に矢の先端を向け，溶接する側が矢の反対側または矢の向こう側を溶接するときには，V形開先の基本記号 ∨ を基線の上側に密着して記入する．従って，①**が正答**である（**図19**）．

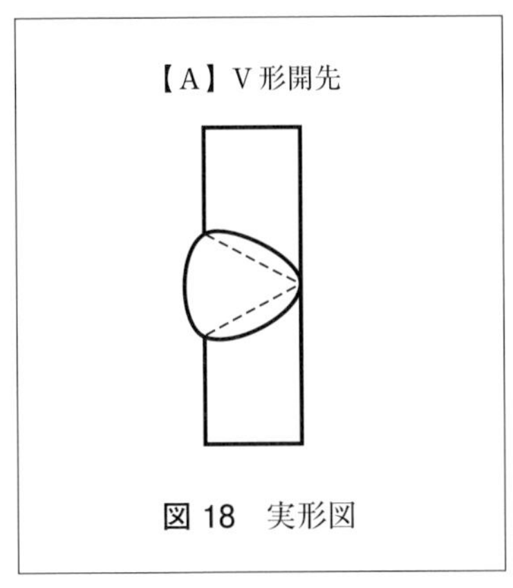

図18　実形図

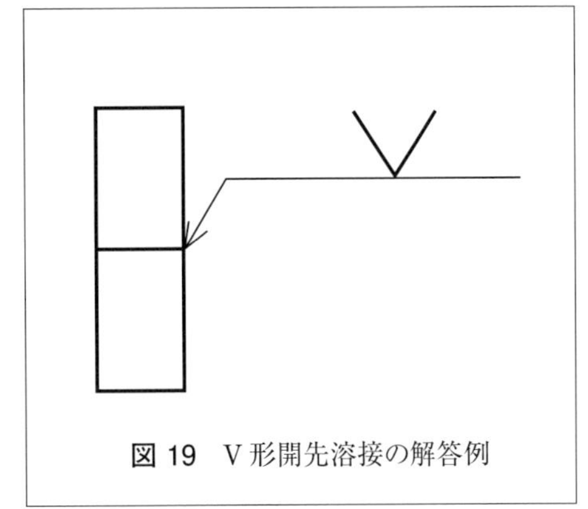
図19　V形開先溶接の解答例

【B】レ形開先溶接とすみ肉溶接の組合せ溶接の例である（**図20**）．レ形開先溶接は非対称な溶接部であるので，開先をとる部材の面を指示するため，矢を折線とし，開先をとる面に矢の先端を向ける．溶接する側が矢の側または手前側のときは基本記号 ⊾ を基線の下側に密着して記入する．すみ肉溶接は，レ形開先溶接と同様に矢の側であるので，基本記号 ◸ を基線の下側に記入する．基本記号は特定の形状を示すために組み合わせることができる．従って，レ形開先溶接とすみ肉溶接を組み合わせて④**が正答**である（**図21**）．

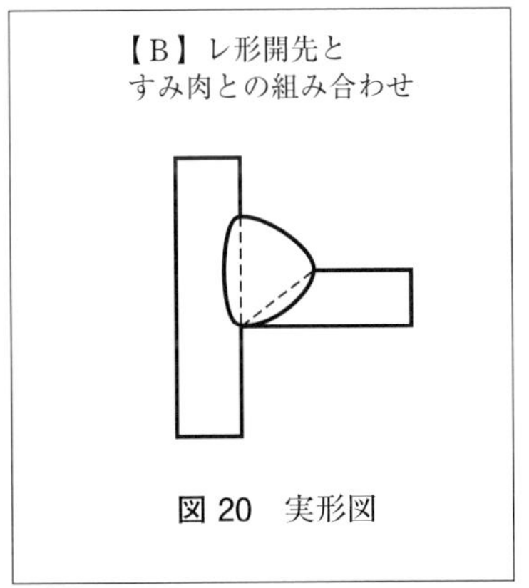

図20　実形図

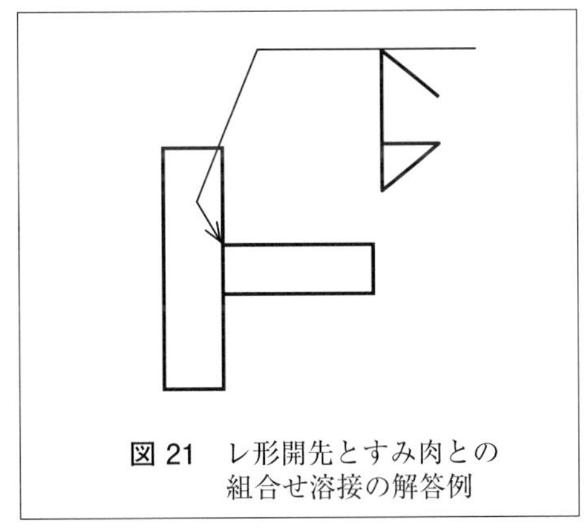
図21　レ形開先とすみ肉との組合せ溶接の解答例

6 解答

A	B
④	③

解説

【A】図 22 に表される正投影図から該当する立体図を図 23 ①～④より選択する．平面図に対応する立体図を考えると，④**が正答**である

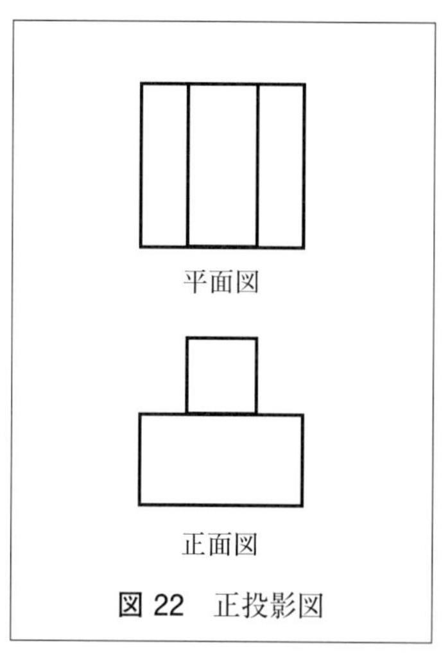

図 22　正投影図

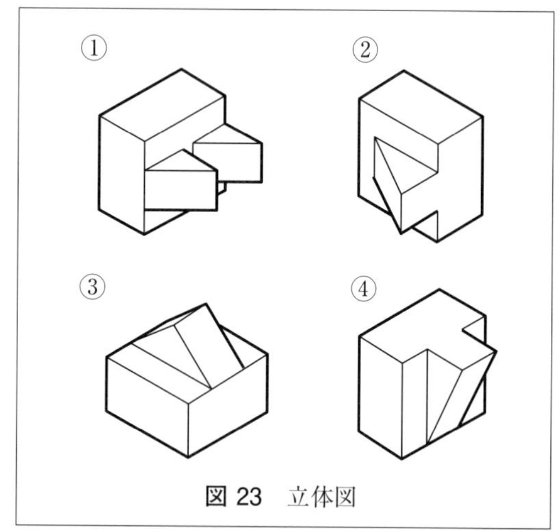

図 23　立体図

【B】図 24 に表される正投影図から該当する立体図を図 25 ①～④より選択する．正面図に対応する立体図を考えると①と③である．また，平面図に対応する立体図を考えると③が該当する．③**が正答**である．

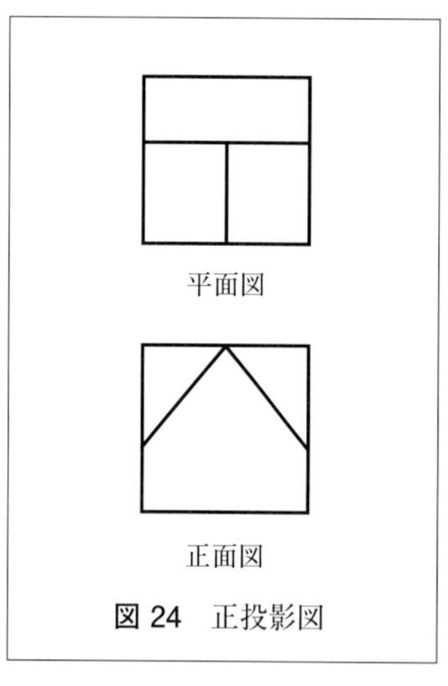

図 24　正投影図

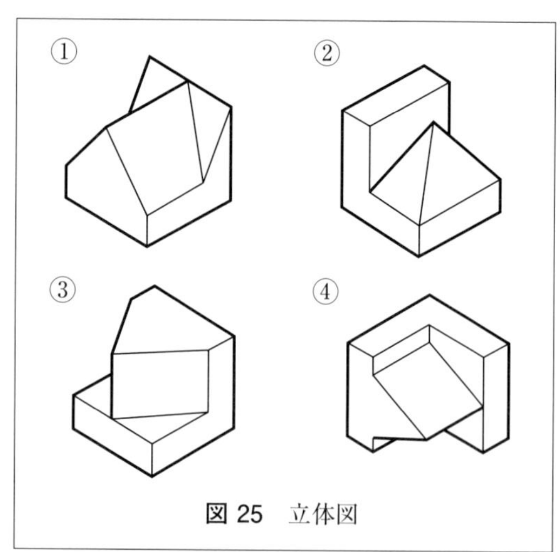

図 25　立体図

令和2年度　3級　試験問題Ⅱ　解答・解説

（2. 材料力学　3. 機械力学　5. 熱工学　6. 制御工学　7. 工業材料）

［2. 材料力学］

1　解答

A	B	C	D
⑥	⑤	②	③

解説

（1）円柱の端Aから距離 x の位置の横断面積 A_x を表す式を求める.

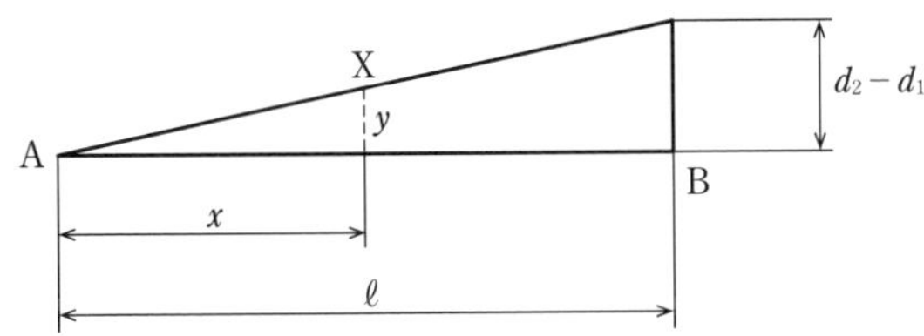

変断面円柱の直径は，端Aから端Bまでに $0 \sim d_2 - d_1$ まで増加している．点Xにおける直径の増加量を y とすると，

$$\frac{y}{x} = \frac{d_2 - d_1}{\ell} \qquad \text{よって} \qquad y = \frac{d_2 - d_1}{\ell} x$$

これを用いると，変断面円柱の点Xにおける直径 d は

$$d = d_1 + \frac{d_2 - d_1}{\ell} x$$

したがって，点Xにおける横断面積 A_x は

$$A_x = \frac{\pi d^2}{4} = \underline{\frac{\pi}{4}\left(d_1 + \frac{d_2 - d_1}{\ell} x\right)^2} = \frac{\pi}{4\ell^2}\left[d_1\ell + (d_2 - d_1)x\right]^2$$

（2）円柱の端Aから距離 x の位置Xの応力 σ_x を表す式は,

$$\sigma_x = \frac{P}{A_x} = \underline{\frac{4P\ell^2}{\pi\left[d_1\ell + (d_2 - d_1)x\right]^2}}$$

（3）円柱の伸び λ を求める．フックの法則を用いて応力をひずみに変換すると,

$$\varepsilon_x = \frac{\sigma_x}{E} = \frac{P}{A_x E} = \frac{4P\ell^2}{\pi E\left[d_1\ell + (d_2 - d_1)x\right]^2}$$

微小長さ dx に生ずる微小な伸び dλ は，dλ = ε_xdx と表すことができるから，

$$\lambda = \int_0^\ell \mathrm{d}\lambda = \int_0^\ell \varepsilon_x \mathrm{d}x = \frac{4P\ell^2}{\pi E}\int_0^\ell \frac{\mathrm{d}x}{\{d_1\ell + (d_2 - d_1)x\}^2}$$

$$= \frac{4P\ell^2}{\pi E}\left|\frac{-\{d_1\ell + (d_2 - d_1)x\}^{-1}}{(d_2 - d_1)}\right|_0^\ell$$

$$= \frac{4P\ell^2}{\pi E(d_2 - d_1)}\left[-\frac{1}{d_2\ell} + \frac{1}{d_1\ell}\right] = \underline{\frac{4P\ell}{\pi E\,d_1 d_2}}$$

（4）

$$\lambda = \frac{4 \times 26 \times 1\,000 \times 1.85}{\pi \times 206 \times 10^9 \times 20 \times 10^{-3} \times 40 \times 10^{-3}}$$

$$= 0.0003716 = 0.37 \times 10^{-3} = \underline{0.37\ \mathrm{mm}}$$

2 解答

A	B	C	D	E
①	⑥	③	⑤	③

解説

（1）はりの支点反力 R_A を表す式を求める．

作用している分布荷重の総和は $\frac{w\ell}{2}$ であるから，図 4 の支点 A に関する力のモーメントの釣り合い式は，

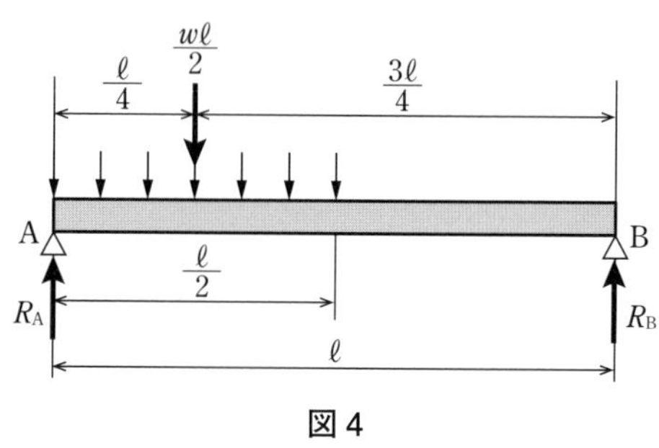

図 4

$$\frac{w\ell}{2} \times \frac{\ell}{4} - R_B \times \ell = 0$$

よって　$R_B = \frac{w\ell}{8}$

支点反力と荷重との釣り合い式は，$R_A + R_B = \frac{w\ell}{2}$　よって，$R_A = \frac{w\ell}{2} - \frac{w\ell}{8}$

$$\therefore \quad R_A = \underline{\frac{3w\ell}{8}}$$

（2）支点Aから距離 x（$0 < x < \ell/2$）の位置Xに作用する曲げモーメント M_x を求める．

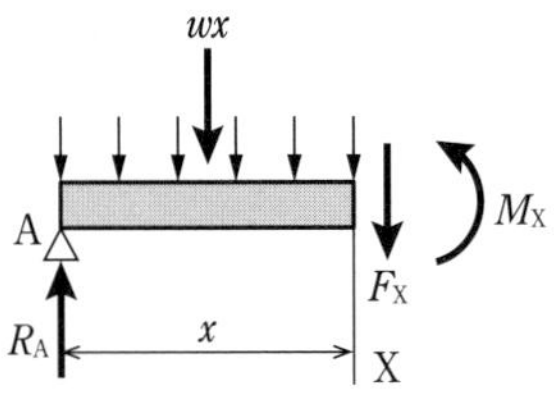

支点Aから距離 x（$0 < x < \ell/2$）の位置Xにおいて，はりの横断面に作用するせん断力を F_x とし，曲げモーメントを M_x とすると，**図5**に関する力の釣り合い式は，

$F_x + wx = R_A$ よって，せん断力は，

図5

$$F_x = R_A - wx = \frac{3w\ell}{8} - wx \ (0 < x < \ell/2) \ \cdots\cdots \ (1)$$

支点Aからの距離 x が $\ell/2 \leqq x \leqq \ell$ の場合について考える．はりの右側の部分には，**図6**に示すようなせん断力 F_x と曲げモーメント M_x が作用しており，力の釣り合い式は次のようになる．

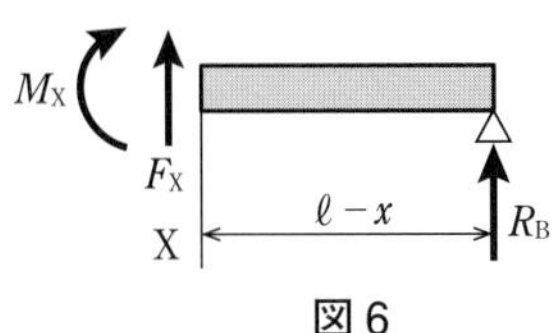

図6

$$F_x = -R_B = -\frac{w\ell}{8} \ (\ell/2 \leqq x \leqq \ell) \ \cdots\cdots\cdots\cdots\cdots\cdots\cdots\cdots\cdots\cdots\cdots\cdots \ (2)$$

図5において，点Xにおける力のモーメントの釣り合い式は，

$$M_x + wx \times \frac{x}{2} = R_A \times x$$

これを変形して，曲げモーメントとして次式を得る．

$$M_x = \frac{3w\ell x}{8} - \frac{wx^2}{2} = \underline{\left(\frac{3\ell}{8} - \frac{x}{2}\right) wx} \quad (0 < x < \ell/2) \ \cdots\cdots \ (3)$$

はりの右側部分の点Xにおける力のモーメントの釣り合い式は，図6を用いて

$$M_x = R_B \times (\ell - x)$$

これを変形して，曲げモーメントとして次式を得る．

$$M_x = \frac{w\ell}{8}(\ell - x) \quad (\ell/2 \leqq x \leqq \ell) \ \cdots\cdots\cdots\cdots\cdots\cdots\cdots\cdots\cdots\cdots \ (4)$$

（３）図２に示すような荷重を受けるはりのせん断力図（SFD）と曲げモーメント図（BMD）は，前問（２）で求めた式（1），（2），（3）および（4）を用いて図示すると，下図のとおりである．

③

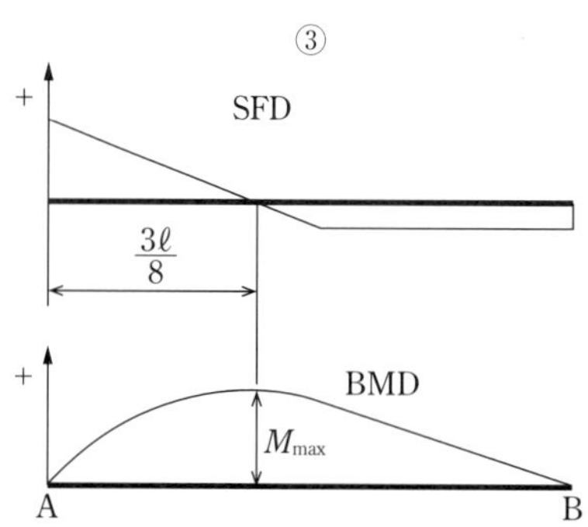

（４）はりに作用する最大曲げモーメント M_{max} は，次のようにして求める．曲げモーメントは，せん断力が零となる位置で極値をとるから，前問（２）の式（1）を用いて，

$$F_x = \frac{3w\ell}{8} - wx = 0 \qquad \therefore x = \frac{3\ell}{8}$$

この x の値を式（3）に用いて

$$M_{max} = \left(\frac{3\ell}{8} - \frac{1 \cdot 3\ell}{2 \cdot 8}\right) w \frac{3\ell}{8} = \frac{(6-3)\ell}{16} \times \frac{3w\ell}{8} = \underline{\frac{9w\ell^2}{128}}$$

（５）はりに発生する最大曲げ応力 σ_{max} は，最大曲げモーメント M_{max} を断面係数 $Z = bh^2/6$ で除することによって求めることができる．

$$\sigma_{max} = \frac{M_{max}}{Z} = \frac{9w\ell^2}{128} \times \frac{6}{bh^2} = \frac{27 \times 1.3 \times 10^3 \times 2.8^2}{64 \times 30 \times 10^{-3} \times (40 \times 10^{-3})^2}$$

$$= \frac{27 \times 1.3 \times 10^3 \times 2.8^2}{64 \times 3 \times 10^{-2} \times (4 \times 10^{-2})^2} = \frac{27 \times 1.3 \times 2.8^2 \times 10^3}{64 \times 3 \times 16 \times 10^{-6}} = 89.58 \times 10^6$$

$$= \underline{90\ \text{MPa}}$$

[3. 機械力学]

1 解答

A	B	C
①	②	②

解説

力とモーメントの静的なつり合いと合力に関する問題である.

(1) A点回りのモーメントのつり合いを考えると

$$F \times L \cdot \sin\theta = Q \times \frac{L}{2} \cdot \cos\theta$$

$F = 100$ [N], $L = 0.8$ [m], $\theta = 30°$ を代入して Q を求めると

$$Q = \frac{F \times L \cdot \sin\theta}{\frac{L}{2} \cdot \cos\theta}$$

$$= 2F \cdot \tan\theta = 2 \times 100 \times \tan 30° \fallingdotseq \underline{115 \text{ [N]}}$$

(2) A点における支持反力 R_A は, F と Q の合力（作用方向は逆）であることから

$$R_A = \sqrt{F^2 + Q^2} = \sqrt{100^2 + 115^2} \fallingdotseq \underline{152 \text{ [N]}}$$

(3) 支持反力 R_A の方向は x 軸からの角度を α とすると

$$\tan\alpha = \frac{F}{Q} \fallingdotseq \frac{100}{115} \fallingdotseq 0.87$$

$$\therefore \alpha \fallingdotseq \underline{41°}$$

令和2年度 問題II 解答・解説

2 解答

A	B	C	D	E
①	③	③	②	④

解説

軸の設計の際に必要となる計算過程である．具体的にはトルクから伝達動力を求めること，軸受に作用する力を求める問題である．

（1）軸の周速度 v［m/sec］は，軸直径 $d = 0.02$［m］，回転速度 $n = 200$［min^{-1}］より

$$v = \frac{\pi dn}{60} = \frac{\pi \times 0.02 \times 200}{60} \fallingdotseq \underline{0.21\ [\mathrm{m/sec}]}$$

（2）プーリに作用するトルク T［N･m］は，接線力 $F = 160$［N］，プーリ直径 $D = 0.1$［m］より

$$T = F \times \frac{D}{2} = 160 \times \frac{0.1}{2} = \underline{8\ [\mathrm{N \cdot m}]}$$

（3）軸の伝達動力 L［W］は

$$L = \frac{\pi Tn}{30} = \frac{\pi \times 8 \times 200}{30} \fallingdotseq \underline{168\ [\mathrm{W}]}$$

（4），（5）

軸受Aに生じる支持反力を R_A［N］，軸受Bに生じる支持反力を R_B［N］とする．

力のつり合いから

$$R_\mathrm{A} + R_\mathrm{B} = 400\ [\mathrm{N}] \cdots\cdots\cdots\cdots\cdots (1)$$

A点回りのモーメントのつり合いから

$$R_\mathrm{B} \times L = P \times \frac{5L}{4} \quad \cdots\cdots\cdots\cdots\cdots (2)$$

式（2）で $L = 0.4$［m］，$P = 400$［N］を代入すると

$$R_\mathrm{B} \times 0.4 = 400 \times \frac{5 \times 0.4}{4}$$

$$\therefore R_\mathrm{B} = \underline{500\ [\mathrm{N}]}$$

$R_\mathrm{B} = 500$［N］を式（1）に代入すると

$$R_\mathrm{A} + 500 = 400$$

$$\therefore R_\mathrm{A} = \underline{-100\ [\mathrm{N}]}$$

（注）R_A に－符号が付いているのは，作用方向が R_B とは逆であることを示す．

記号 L が動力と寸法に使われているので混同しないようにすること．

[5. 熱 工 学]

1 解答

A	B	C	D	E	F	G	H	I
③	⑫	④	⑦	⑩	⑬	①	⑤	⑨

解説

$V_1 = 0.03\ \mathrm{m}^3$　　$P_1 = 1.5\ \mathrm{MPa}\ (1.5 \times 10^6\ \mathrm{Pa})$

$T_1 = 573\ \mathrm{K}$　　$T_2 = 1\,473\ \mathrm{K}$

$R = 0.7171\ \mathrm{kJ/(kgK)}$　　$\kappa = 1.40$

(a) P =一定の場合

一般に理想気体の状態変化による PVT 関係はボイル・シャルルの法則により，PV/T = 一定で表され，P =一定では

$$\frac{V}{T} = \frac{V_1}{T_1} = \frac{V_2}{T_2}$$ より V_2 は

$$V_2 = \left(\frac{T_2}{T_1}\right) V_1 = \left(\frac{1\,473}{573}\right) \times 0.03 = \underline{0.077}\ \mathrm{m}^3$$

となる．外部への密閉系の仕事 W_{12} は，$\mathrm{d}W = P\mathrm{d}V$ を状態①から状態②までの定積分によって求められ，

$$W_{12} = \int_1^2 P\mathrm{d}V = P_1 \int_1^2 \mathrm{d}V = P_1 (V_2 - V_1)$$

となる．この式に与えられた数値を代入することにより，

$$W_{12} = 1.5 \times 10^6 \times (0.077 - 0.03)\ \mathrm{N \cdot m} = \underline{7.1 \times 10^4}\ \mathrm{J}$$

が得られる．

等圧変化の P =一定において，熱量 Q を求める熱力学第 1 法則に基づく微分形式はエンタルピ H を用いて $\mathrm{d}Q = \mathrm{d}H - V\mathrm{d}P$ で表され，$\mathrm{d}H = mC_\mathrm{p}\mathrm{d}T$ より，これを代入すると

$$\mathrm{d}Q = mC_\mathrm{p}\mathrm{d}T - V\mathrm{d}P$$

となる．P =一定から $\mathrm{d}P = 0$ となり，

$$\mathrm{d}Q = mC_\mathrm{p}\mathrm{d}T$$

が成り立つ．これを状態①から状態②で積分することにより，

$$Q_{12} = mC_\mathrm{p}\ (T_2 - T_1)$$

が得られる．しかしながら，この式において質量 m と定圧比熱 C_p が与えられていない．

令和 2 年度 問題Ⅱ 解答・解説

そこで，理想気体の状態式 $P_1V_1 = mRT_1$ より質量 m を求めると，

$R = 0.7171$ kJ / (kgK) $= 0.7171 \times 1\,000$ J/ (kgK) より，

$$m = \frac{P_1V_1}{RT_1} = \frac{1.5 \times 10^6 \times 0.03}{0.7171 \times 573 \times 1\,000} = \underline{0.11}\ \mathrm{kg}$$

また，定圧比熱 C_p は，比熱比 $\kappa = C_p/C_v$ と $C_p - C_v = R$ から求められ，

$$C_p = \frac{\kappa}{\kappa - 1} R = \frac{1.4}{1.4 - 1} \times 0.7171 = 2.51 \fallingdotseq \underline{2.5}\ \mathrm{kJ/(kgK)}$$

となる．したがって，これらの値を熱量を求める式に代入すると

$$Q_{12} = 0.11 \times 2.51 \times (1\,473 - 573) = 248 \fallingdotseq \underline{250}\ \mathrm{kJ}$$

が得られる．

(b) V = 一定のとき

同様にして，P_2 を求めると，

$$\frac{P_1}{T_1} = \frac{P_2}{T_2} \text{ より}$$

$$P_2 = \frac{T_2}{T_1} P_1$$

$$= \frac{1\,473}{573} \times 1.5 \times 10^6 = 3.86 \times 10^6 \fallingdotseq \underline{4.0 \times 10^6}\ \mathrm{Pa}$$

となり，W は定容変化から容積は変化せず，$dV = 0$ となり

$$W_{12} = \int_1^2 P\mathrm{d}V = \underline{0}$$

となる．

熱量を求める式は定容変化の場合，熱力学第 1 法則の微分形式は $dQ = dU + PdV$ で内部エネルギー U を用いて表され，$dU = mC_v dT$ と定容比熱 C_v と温度 T を用いて書き換えると，$dV = 0$ より，$dQ = mC_v dT$ となり，この式を状態①から状態②まで積分することにより

$$Q_{12} = mC_v\ (T_2 - T_1)$$

で求められる．この式で定容比熱 C_v は与えられていないが，C_p と同様に求められ，関係式を示すと

$$C_v = \frac{1}{\kappa - 1} R$$

となるので，与えられた数値を代入すると，

$$C_v = 1.79 \fallingdotseq \underline{1.8}\,\mathrm{kJ/(kgK)}$$

となり，これらの数値を代入すると，

$$Q_{12} = 0.11 \times 1.79 \times (1\,473 - 573) = 177 \fallingdotseq \underline{180}\,\mathrm{kJ}$$

が得られる．

令和2年度 問題Ⅱ 解答・解説

2 解答

A	B	C	D	E	F	G	H	I	J
②	④	⑤	⑧	⑩	⑫	⑭	⑯	⑳	⑮

解説

フーリエの法則は単位面積($1m^2$)当たりの熱流量(熱流束)を q とすると, $q = -\lambda(d\theta/dx)$ で定義される．この式を $qdx = -\lambda d\theta$ と置き換え，1番目の断熱材に適用し，

$x = 0$ のとき　$\theta = \theta_1$

$x = \delta_1$ のとき　$\theta = \theta_2$

の境界条件で定積分すると，簡単にフーリエの積分形の式が

$$q = \frac{\lambda_1}{\delta_1}(\theta_1 - \theta_2) \tag{1}$$

のように得られる．

この式を，熱抵抗の形に書き換えると，

$$q = \frac{\theta_1 - \theta_2}{(\delta_1/\lambda_1)} \tag{2}$$

のようになる．q はどの平板を通る量も同じであり，同様に熱抵抗の形を2番目の平板および3番目の平板に適用すると，それぞれ，

$$q = \frac{\theta_2 - \theta_3}{(\delta_2/\lambda_2)} \tag{3}$$

$$q = \frac{\theta_3 - \theta_4}{(\delta_3/\lambda_3)} \tag{4}$$

が得られる．これら熱抵抗の形で書かれた (2) 式，(3) 式および (4) 式は等しいので，

$$q = \frac{\theta_1 - \theta_2}{(\delta_1/\lambda_1)} = \frac{\theta_2 - \theta_3}{(\delta_2/\lambda_2)} = \frac{\theta_3 - \theta_4}{(\delta_3/\lambda_3)} = \frac{\theta_1 - \theta_4}{(\delta_1/\lambda_1) + (\delta_2/\lambda_2) + (\delta_3/\lambda_3)}$$

となり，結局 n 枚の多層平板では，直列の抵抗を持ったオームの法則と同様に，n 枚の多層平板の熱伝導式が導かれる．

$$q = \frac{(\theta_1 - \theta_{n+1})}{\sum_{i=1}^{n} \frac{\delta_i}{\lambda_i}} \tag{5}$$

また，断熱材の接面温度 $\theta_2, \theta_3 \cdots \theta_n$ を求めるには，(1) 式または (2) 式を

$$\theta_2 = \theta_1 - \frac{\delta_1}{\lambda_1}q \tag{6}$$

と変換することによって，q が求められれば，(6) 式より，θ_2 が求められ，同様にして，(3) 式を

$$\theta_3 = \underline{\theta_2 - \frac{\delta_2}{\lambda_2} q} \qquad (7)$$

と変換することにより，θ_2 が求められれば θ_3 が求められる．

(5) 式において θ を T に置き換え n を 3 にし，断熱材内外面の温度が与えられ，それぞれの厚みと熱伝導率が与えられれば，q を求めることができる．したがって，(5) 式に設問で与えられた数値を（厚みは cm を m に直して）代入すると，

$$q = \underline{\frac{T_1 - T_4}{(\delta_1/\lambda_1) + (\delta_2/\lambda_2) + (\delta_3/\lambda_3)}} \qquad (8)$$

$$= \frac{1\,000 - 400}{(0.20/0.65) + (0.10/0.16) + (0.20/1.30)} = 552 \fallingdotseq \underline{550}\ \mathrm{W/m^2}$$

が得られる．この値を (6) 式に θ を T に変えて代入すれば，

$$T_2 = 1\,000 - \left(\frac{0.2}{0.65}\right) \times 552 = \underline{830}\ \mathrm{K}$$

が得られ，同様に，この T_2 の値を (7) 式に θ を T に変えて代入すれば，

$$T_3 = 830 - \left(\frac{0.10}{0.16}\right) \times 552 = 485 \fallingdotseq \underline{490}\ \mathrm{K}$$

と各断熱材の接面温度を求めることができる．

[6. 制御工学]

1 解答

用　語						用語の機能					
A	B	C	D	E	F	G	H	I	J	K	L
①	⑦	⑥	⑤	⑨	⑩	④	①	⑥	⑤	②	③

解説

・制御とは「ある目的に適合するように,制御対象に所要の操作を加えること」と定義される.

・制御の目的としては，制御対象の特性を改善することや制御量を目標値に近づけるまたは追従させることなどがある.

・制御系で望まれる第一条件は「安定」であり，速く定常状態に収束（速応性）し，かつ定常偏差（目標値と最終値との差）が「0」（ゼロ）もしくは極力小さい（定常特性）ことが良い制御とされる.

・フィードバック制御とは，検出器やセンサからの信号を読み取り，出力結果を目標値である出力値と比較して，その結果を入力値へ反映させることであり，安定したシステム設計が可能になる.

・フィードバックとは，閉ループを形成して出力側の信号を入力側に戻すことをいう.

・フィードバック制御は，機械やロボットなどの機能精度を上げる制御方法ではあるが，出力の測定結果をもとに制御入力を修正する．そのため，外乱で制御信号が乱されたとしても修正が「後手」にまわり，「安定性」に問題を生じることもある．このような弱点を補うために，目標値，外乱などの情報に基づいて操作量を決定する「フィードフォワード制御」と組み合わせることで性能を向上できる.

2

（1）**解答**

A
⑤

解説

この系の運動方程式を求めると $c\dfrac{dy(t)}{dt} = k(x(t) - y(t))$ であるから,

両辺をラプラス変換すれば,

$$\mathcal{L}\left[c\ \frac{dy(t)}{dt}\right]=\mathcal{L}\left[k(x(t)-y(t))\right]$$ より，$csY(s)=k(X(s)-Y(s))$

したがって，伝達関数は

$$G(s)=\frac{Y(s)}{X(s)}=\frac{k}{cs+k}=\underline{\frac{5}{3s+5}}$$

（2）**解答**

B
③

解説

この系の時定数 T を求める．設問（1）より，伝達関数 $G(s)=\dfrac{1}{3s+5}=\dfrac{1}{\dfrac{3}{5}s+1}$ であり，

1 次遅れ系の伝達関数標準形は，$G(s)=\dfrac{K}{Ts+1}$ であるから，

係数同士を比較すれば，$T=\dfrac{3}{5}=0.6$

また，設問の［参考］により，

$$Y(s)=G(s)X(s)=\frac{K}{Ts+1}\frac{1}{s}=\frac{K}{s}-\frac{KT}{Ts+1}$$ と変形する．…（補足 1）

この式の両辺を逆ラプラス変換すると

$$y(t)=\mathcal{L}^{-1}\left[\frac{K}{s}\right]-\mathcal{L}^{-1}\left[\frac{K}{s+\frac{1}{T}}\right]=K-Ke^{-\frac{t}{T}}=K\left(1-e^{-\frac{t}{T}}\right)$$

ここで，定常値の α%に達するまでの時間を t_α とすれば

$$1-e^{-\frac{t_\alpha}{T}}=\frac{\alpha}{100}$$ より，$t_\alpha=-T\ln\dfrac{100-\alpha}{100}$ である．

したがって，遅れ時間 t_d とは，応答が定常値の 50%に達するまでの時間であるから，

$$t_d=-0.6\times\ln\frac{100-50}{100}=\underline{0.42\ \mathrm{s}}$$

（補足 1）式の変形について

$$\frac{K}{Ts+1}\frac{1}{s}=\frac{AK}{s}+\frac{BKT}{Ts+1}$$ とおくと

令和 2 年度 問題 II 解答・解説

$$右辺 = \frac{AK(Ts+1)+BKTs}{s(Ts+1)} = \frac{(A+B)KTs+AK}{s(Ts+1)}$$

ここで，左辺の分子と右辺の分子の係数同士を比較すれば$A = 1$，$B = -1$を得る．

したがって，$\dfrac{K}{Ts+1}\dfrac{1}{s} = \dfrac{K}{s} - \dfrac{KT}{Ts+1}$

（3）**解答**

C
⑦

解説

立ち上がり時間t_rとは，応答が定常値の10%から90%に達するまでの時間である．

$$t_r = -0.6 \times \left(\ln\frac{100-90}{100} - \ln\frac{100-10}{100}\right) = \underline{1.32\ \mathrm{s}}$$

（4）**解答**

D
⑨

解説

応答が定常値の±5%以内に入るまでの時間は$e^{-\frac{t_s}{T}} = 0.05$であるから，

$$\ln e^{-\frac{t_s}{T}} = \ln(0.05)\ \text{より，}\ t_s = -T\times\ln(0.05) = -0.6\times\ln(0.05) = \underline{1.8\ \mathrm{s}}$$

[7. 工業材料]

1 解答

JISによる記号						主な用途					
A	B	C	D	E	F	G	H	I	J	K	L
⑥	⑧	④	⑤	①	③	⑧	④	③	⑤	⑦	①

解説

〔語句群〕のうち，解答欄に当てはまらない「鋼材の種類」は次のとおりである．

② SUJ2は高炭素クロム軸受鋼鋼材，⑦ SCS13はステンレス鋼鋳鋼品である．

〔用途群〕のうち，解答欄に当てはまらない「鋼材の種類」は次のとおりである．

② 機械のカバー，ピストンリングなどは，ねずみ鋳鉄（FC150など）の用途，⑥ 橋，船舶などは，一般構造用圧延鋼材（SS400など）の用途である．

参考として，**表1**にJISによる主な鉄鋼材料の分類と用途を示す．

表1 JISによる主な鋼材，鋼板・鋼帯および線材の分類と用途

分類		JIS 規格番号	JIS 代表的な鋼種	主な用途
圧延鋼材	一般構造用圧延鋼材	G 3101(2010)	SS400	橋，船舶，車両，その他構造物
	溶接構造用圧延鋼材	G 3106(2008)	SM400B	SSと同様で溶接性重視のもの
	建築構造用圧延鋼材	G 3136(2012)	SN400B	建築構造物
圧延鋼板・鋼帯	冷間圧延鋼板・鋼帯	G 3141(2011)	SPCC	各種機械部品，自動車車体
	熱間圧延軟鋼板・鋼帯	G 3131(2011)	SPHC	建築物，各種構造物
線材	ピアノ線材	G 3502(2013)	SWRS80A	より線，ワイヤーロープ
	軟鋼線材	G 3505(2004)	SWRM12	鉄線，亜鉛めっきより線
	硬鋼線材	G 3506(2004)	SWRH47B	亜鉛めっきより線，ワイヤーロープ
	冷間圧造用炭素鋼線材	G 3507-1(2010)	SWRCH20A	ボルトや機械部品など冷間圧造品
	冷間圧造用ボロン鋼線材	G 3508-1(2010)	SWRCHB334	ボルトや機械部品など冷間圧造品
	冷間圧造用合金鋼線材	G 3509-1(2010)	SCM440RCH	高強度・高靭性を重視した冷間圧造品
機械構造用鋼	機械構造用炭素鋼鋼材	G 4051(2009)	S45C	一般的な機械構造用部品
	焼入性を保証した構造用鋼鋼材	G 4052(2008)	SCM440H	肉厚の大型機械構造用部品
	機械構造用合金鋼鋼材	G 4053(2008)	SCM440	高強度・高靭性を重視した機械構造用部品
工具鋼	炭素工具鋼鋼材	G 4401(2009)	SK85	プレス型，刃物，刻印
	高速度工具鋼鋼材	G 4403(2006)	SKH57	切削工具，刃物，冷間鍛造型
	合金工具鋼鋼材	G 4404(2006)	SKD11	冷間鍛造型，プレス型など各種金型
特殊用途鋼	ステンレス鋼棒	G 4303(2005)	SUS304	耐食性を重視した各種部品，刃物
	耐熱鋼棒及び線材	G 4311(2011)	SUH310	耐食・耐熱性を重視した各種部品
	ばね鋼鋼材	G 4801(2011)	SUP6	各種コイルばね，重ね板ばね
	高炭素クロム軸受鋼鋼材	G 4805(2008)	SUJ2	転がり軸受
	快削鋼鋼材	G 4804(2008)	SUM23	加工精度を重視した各種部品

〔参考資料：機械材料と加工技術（科学図書出版）〕

2 解答

A	B	C	D	E	F	G	H
⑧	⑫	②	⑪	⑦	⑥	⑩	①

解説

〔語句群〕のうち，解答欄に当てはまらない非鉄金属の特徴および用途は次のとおりである．

③ アルミニウム（Al）は，密度は鉄や銅の約 1/3 であり，しかも耐食性も優れていることから，航空機，船舶，自動車部品などに大量に使用されている．また，展延性および機械加工性に優れているため，板，棒，管，箔，線など種々の形状が容易に得られる．

④ ニッケル（Ni）は，銀白色で強磁性体である．光沢があり，耐食性も優れているので装飾用めっき皮膜としてよく使用されている．

⑤ 金（Au）は，有色金属の一つで，非常に軟らかくて延性に富んでおり，装飾品によく使用されている．電気伝導度や耐食性が非常に優れているので，工業用としては，金めっき品は電子部品のコネクタなどによく使用されている．

⑨ モリブデン（Mo）は，密度は 10.2，融点は 2 620℃でタングステンとともに高融点金属である．単独では電極やヒーターなどに使用されているが，鉄鋼用の合金元素としてもよく利用されている．例えば，機械構造用鋼では焼入性を高め，高速度工具鋼では耐摩耗性の向上に，ステンレス鋼では耐食性の向上に寄与している．

令和元年度

機械設計技術者試験
３級　試験問題Ⅰ

第１時限（120分）

1. 機構学・機械要素設計
4. 流体工学
8. 工作法
9. 機械製図

令和元年11月17日実施

〔1. 機構学・機械要素設計〕

1 機械の設計で必要となる機械要素について、次の設問（1）～（8）に答えよ。

（1）転がり軸受に加える与圧の目的として間違っているものを下記の〔選択群〕から一つ選び、その番号を解答用紙の解答欄【Ａ】にマークせよ。

〔選択群〕

① 軌道輪に対して転動体を正しい位置に保つため
② 軸のラジアル方向、アキシアル方向の位置決めを正確にするとともに、軸の振れを少なくするため
③ 低い駆動力で軸の高速回転を可能にするため
④ 軸受の剛性を高めるため
⑤ アキシアル方向の振動及び共振による異音を防止するため

（2）転がり軸受は種類も多く、軸受の形式・主要寸法などは JIS に規定されている。その仕様は「呼び番号」で表され、基本番号と補助記号で構成される。基本番号の構成に含まれないものを下記の〔語句群〕から一つ選び、その番号を解答用紙の解答欄【Ｂ】にマークせよ。

〔語句群〕

① 内径番号　② シールド・シート記号　③ 接触角記号　④ 軸受系列記号

（3）一対の歯車がかみ合っているとき、歯車の回転を円滑にするために歯と歯の間に設ける隙間を表す語句を下記の〔語句群〕から一つ選び、その番号を解答用紙の解答欄【Ｃ】にマークせよ。

〔語句群〕

① 頂げき　② 転位量　③ 歯末のたけ　④ バックラッシ　⑤ またぎ

（4）平歯車のアンダーカット防止対策として正しいものを下記の〔選択群〕から一つ選び、その番号を解答用紙の解答欄【Ｄ】にマークせよ。

〔選択群〕

① モジュールを大きくする
② 圧力角を小さくする
③ 転位をする
④ かみ合い率を「1」より小さくする
⑤ 歯末のたけを大きくする

（5）歯車の騒音を小さくするための対策として正しいものを下記の〔選択群〕から一つ選び、その番号を解答用紙の解答欄【Ｅ】にマークせよ。

〔選択群〕
① モジュールを小さくする
② 平歯車をはすば歯車に変更する
③ 歯幅を狭くして剛性の低い形状とする
④ バックラッシを大きくする
⑤ かみ合い圧力角を大きくする

（6）管用ねじの特徴について間違っているものを下記の〔選択群〕から一つ選び、その番号を解答用紙の解答欄【Ｆ】にマークせよ。

〔選択群〕
① 管用テーパおねじの呼びは記号Ｒをつけて表示する
② 管用平行ねじの呼びは記号Ｇをつけて表示する
③ ユニファイねじよりもねじ山の角度が大きい
④ 水道管や真空配管など水密性や気密性の高い配管には管用テーパねじを用いる

（7）JISで規定されているテーパーピンのテーパ値として正しいものを下記の〔数値群〕から一つ選び、その番号を解答用紙の解答欄【Ｇ】にマークせよ。

〔数値群〕
① 1/4　② 1/16　③ 1/25　④ 1/50　⑤ 1/100

（8）動力を伝達する機械要素部品の軸継手のうち、JISに規定されていないが、主に駆動軸と従動軸の芯ずれ（ミスアライメント）が大きい平行軸に用いられる軸継手はどれか。下記の〔語句群〕から一つ選び、その番号を解答用紙の解答欄【Ｈ】にマークせよ。

〔語句群〕
① こま形自在軸継手　② フランジ形固定軸継手　③ オルダム軸継手
④ ゴム軸継手　⑤ 歯車形軸継手

2 回転速度 $N = 550\mathrm{min}^{-1}$、動力 $P = 3.7\mathrm{kW}$ を伝達する鋼製中実丸軸に関して、次の設問（1）～（4）に答えよ。

（1）軸の許容ねじり応力 $\tau_a = 30\mathrm{MPa}$ とする。軸径 d [mm] を計算し、強度上最も適切な値を下記の〔数値群〕の中から選び、その番号を解答用紙の解答欄【A】にマークせよ。

〔数値群〕単位：mm

① 8　② 10　③ 16　④ 20　⑤ 25　⑥ 30　⑦ 40　⑧ 50

（2）設問（1）で決定した軸径 d [mm] の軸に、JIS B 1301 より一部を抜粋した表 1 から適切な平行キー（軸と同一材料とする）を選択して用いるとき、軸のせん断応力 τ とキーのせん断応力 τ_k が等しくなるキーの長さ ℓ [mm] を計算し、最も近い値を下記の〔数値群〕の中から選び、その番号を解答用紙の解答欄【B】にマークせよ。

〔数値群〕単位：mm

① 10　② 14　③ 18　④ 22
⑤ 28　⑥ 32　⑦ 36　⑧ 40

表 1 平行キー寸法　(単位：mm)

キーの呼び寸法 $b \times h$	適応する軸径 d
3 × 3	8
4 × 4	10
5 × 5	16
6 × 6	20
8 × 7	25
10 × 8	30
12 × 8	40
14 × 9	50

〔注〕b：キーの幅、h：キーの高さを表す

（3）この軸の軸長 $L = 1\mathrm{m}$ におけるねじれ角 θ [度] を計算し、最も近い値を下記の〔数値群〕の中から選び、その番号を解答用紙の解答欄【C】にマークせよ。
ただし、横弾性係数 $G = 80\mathrm{GPa}$ とし、断面 二次極モーメント $I_p = \dfrac{\pi}{32}d^4\ [\mathrm{mm}^4]$ である。

〔数値群〕単位：度

① 0.35　② 0.45　③ 0.56　④ 0.78　⑤ 0.91　⑥ 1.02　⑦ 1.20　⑧ 1.34

（4）ねじりに対するこわさが要求される伝動軸の場合は、軸長 1m あたりのねじれ角を $\theta = 1/4$ 度以内にする。この軸の軸長 1m あたりのねじれ角 $\theta = 1/4$ 度のときの回転速度 N_s [min^{-1}] を計算し、最も近い値を下記の〔数値群〕の中から選び、その番号を解答用紙の解答欄【D】にマークせよ。

〔数値群〕単位：min^{-1}

① 771　② 995　③ 1312　④ 1633　⑤ 1954　⑥ 2292　⑦ 2644　⑧ 2856

〔4. 流体工学〕

1 空気が下図のような管系から、$v_2=20$m/s の速度で流出している。縮小管部に接続された細管が水を $H=150$mm 吸い上げるには、管径比 D/d をいくらにすればよいか。次の解答手順に従って文章の空欄に当てはまる適切な語句、数式および数値を〔選択群〕から選び、その番号を解答用紙の解答欄【Ａ】～【Ｄ】にマークせよ。ただし、空気の密度 $\rho_a=1.23$kg/m^3、水の密度 $\rho_w=1000$ kg/m^3 とし、空気の粘性、圧縮性および水の表面張力の影響は無視する。

手順

断面①、断面②における流速を v_1、v_2、静圧を p_1、p_2 とすると、断面①と断面②の間にベルヌーイの式を適用し、

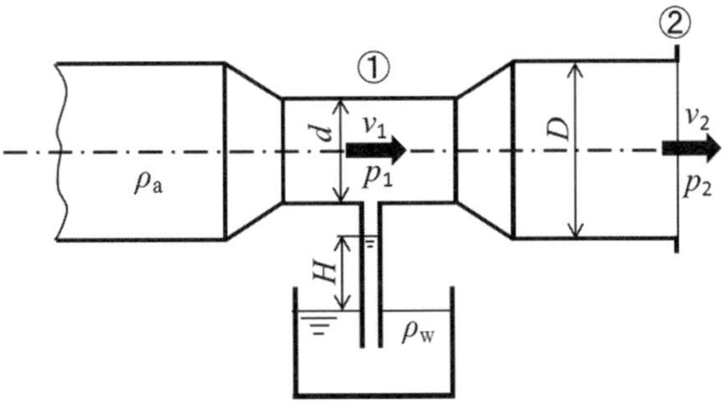

$$\frac{p_1}{\rho_a}+\frac{v_1^2}{2}=\frac{【A】}{\rho_a}+\frac{v_2^2}{2} \quad (1)$$

連続の式より

$$\left(\frac{v_1}{v_2}\right)^2=\left(\frac{D}{d}\right)^4 \quad (2)$$

式（2）を式（1）に代入し、$p_2=p_0$ =大気圧とおくと

$$\frac{【B】}{\rho_a}=\frac{v_2^2}{2}\left\{\left(\frac{D}{d}\right)^4-1\right\} \quad (3)$$

細管の吸上げ高さを H とすると

$$p_0=p_1+【C】 \quad (4)$$

なので、式（4）を式（3）に代入すると

$$\frac{【C】}{\rho_a}=\frac{v_2^2}{2}\left\{\left(\frac{D}{d}\right)^4-1\right\}$$

よって

$$\frac{D}{d}=\sqrt[4]{\frac{2【C】}{\rho_a v_2^2}+1}=【D】$$

〔選択群〕

① 1.53	② 1.63	③ 1.73	④ 1.83	⑤ p_1
⑥ p_2	⑦ p_0-p_1	⑧ p_1-p_0	⑨ $\rho_a gH$	⑩ $\rho_w gH$

2 比重 0.895、粘度 0.10 Pa•s の油が内径 250 mm、長さ 2.0 km の水平鋳鉄管内を流れている。流量が 40 L/s であるとき、次の設問（1）～（4）に答えよ。

（1）鋳鉄管内の平均流速 v[m/s] を計算し、最も近い値を下記の〔数値群〕の中から選び、その番号を解答用紙の解答欄【A】にマークせよ。

〔数値群〕単位：m/s
① 0.41　② 0.61　③ 0.81　④ 1.01　⑤ 1.21

（2）鋳鉄管内のレイノルズ数 Re を計算し，最も近い値を下記の〔数値群〕の中から選び、その番号を解答用紙の解答欄【B】にマークせよ。

〔数値群〕
① 1520　② 1620　③ 1720　④ 1820　⑤ 1920

（3）管摩擦係数 λ を計算し、最も近い値を下記の〔数値群〕の中から選び、その番号を解答用紙の解答欄【C】にマークせよ。

〔数値群〕
① 0.031　② 0.035　③ 0.039　④ 0.043　⑤ 0.047

（4）管路内の圧力損失 Δp を計算し、最も近い値を下記の〔数値群〕の中から選び、その番号を解答用紙の解答欄【D】にマークせよ。

〔数値群〕単位：kPa
① 79　② 83　③ 89　④ 93　⑤ 100

〔8. 工作法〕

1 設計の中で鋳造部品を使用することも多い。精密部品に利用される特殊鋳造法は、普通の砂型と異なりケイ砂に特殊添加剤を加えて硬化した鋳型や金型を使った鋳造法である。以下に示す特殊鋳造法について、鋳型造形法（重力鋳造法）と鋳込み法（圧力鋳造法）に分類したとき、それぞれがどちらに属するか、鋳型造形法の場合は①を、鋳込み法の場合は②をⅠ欄の空欄に該当する解答用紙の【Ａ】～【Ｅ】にマークせよ。また、それぞれの鋳造法の特徴として最も適していると思われる説明を下記の〔解説群〕から選び、その番号をⅡ欄に該当する解答用紙の解答欄【Ｆ】～【Ｊ】にマークせよ。ただし、〔解説群〕の重複使用は不可である。

特殊鋳造法	Ⅰ欄	Ⅱ欄
シェルモールド法	【Ａ】	【Ｆ】
ロストワックス法	【Ｂ】	【Ｇ】
遠心鋳造法	【Ｃ】	【Ｈ】
ダイカスト法	【Ｄ】	【Ｉ】
ガス型鋳造法	【Ｅ】	【Ｊ】

〔解説群〕

① 形状が複雑で寸法精度が高く、鋳型製作や仕上げ加工が困難な製品や硬くてもろい特殊合金の鋳造に適している。
② シリンダーライナー、鋳鉄管、スリーブ等の管状の製品の製作に適している。
③ 複雑な形状の中子で通気性の良い乾燥砂型を作る方法で、炭酸ガス法などがある。
④ 精度の高い鋳物の大量生産に適しているが鋳物の大きさに限界がある。
⑤ 低融点金属の薄肉、高精度の鋳物の大量生産に適している。

2 加工機械の設計にあたって、簡易自動化のために空気圧が多用される。これらの装置を設計するためには構成要素である機器の機能や構造を理解しておく必要がある。以下に示す空気圧機器について、発生装置に属するものは①を、調質装置に属するものは②を、制御装置に属するものは③を、駆動装置（アクチュエータ）に属するものは④を、その他の装置に属するものは⑤をⅠ欄の空欄に該当する解答用紙の【Ａ】～【Ｅ】にマークせよ。また、それぞれ機器の説明として最も適していると思われる文章を下記の〔解説群〕から選び、その番号をⅡ欄に該当する解答用紙の解答欄【Ｆ】～【Ｊ】にマークせよ。ただし、Ⅰ欄、Ⅱ欄それぞれ重複使用は不可である。

空気圧機器	Ⅰ欄	Ⅱ欄
３点セット（FRL ユニット）	【Ａ】	【Ｆ】
空気圧シリンダ	【Ｂ】	【Ｇ】
エアコンプレッサ	【Ｃ】	【Ｈ】
電磁弁	【Ｄ】	【Ｉ】
スピードコントローラ	【Ｅ】	【Ｊ】

〔解説群〕

① ソレノイドの吸引力によって空気の出入口の開閉を行うもので、ポートや切替位置により最適なものが選定される。

② 圧縮空気をそれぞれの機器に供給する前に、空気の清浄、空気圧の調整、さらには潤滑油の供給を行う機器である。

③ 絞り弁と逆止め弁を一体構造として組合わせ流量を制御することでアクチュエータの速度を制御するために使用する。

④ 空気エネルギーを直線運動に変換して仕事を行う機器であり、一般的に動作距離が長くかつ高速であるが、正確な速度や距離の制御は難しい。

⑤ 圧縮空気をロータの回転やピストンの往復運動によって発生させる機器で、その圧力比が約２以上または吐出圧力が約 0.1MPa 以上である。

〔9. 機械製図〕

1 JIS 機械製図に関する次の設問（1）～（11）に答えよ。

（1）製図用紙について、正しく説明をしているものを一つ選び、その番号を解答用紙の解答欄【 A 】にマークせよ。

① A0 サイズの製図用紙の寸法は、594 × 841 の大きさである。
② A0 サイズの製図用紙の大きさは、A3 サイズの 4 倍の大きさである。
③ A3 サイズの製図用紙は、長辺を横向きに置き、右下すみに表題欄を設ける。
④ 製図用紙には、太さ 0.5mm 以上の実線で外形線を設ける。

（2）線の種類および用途において、正しく説明しているものを一つ選び、その番号を解答用紙の解答欄【 B 】にマークせよ。

① 想像線は、対象物の見えない部分を表すのに用いる。
② 切断線は、対象物の一部を破った境界を表すのに用いる。
③ 特殊指定線は、加工前または加工後の形状を表すのに用いる。
④ 寸法補助線は、寸法を記入するために図形から引き出すのに用いる。

（3）図示法について、正しく説明をしているものを一つ選び、その番号を解答用紙の解答欄【 C 】にマークせよ。

① 第三角法の投影図の配置で、正面図の右には左側面図が配置される。
② 第三角法の投影図の配置で、正面図の上には上面図が配置される。
③ 第三角法の投影図の配置で、正面図の下には下面図が配置される。
④ 第三角法の投影図で、品物の裏側から投影した図を裏面図という。

（4）下図の寸法記入法の名称について、正しいものを一つ選び、その番号を解答用紙の解答欄【 D 】にマークせよ。

① 直列寸法記入法
② 並列寸法記入法
③ 累進寸法記入法
④ 極座標寸法記入法

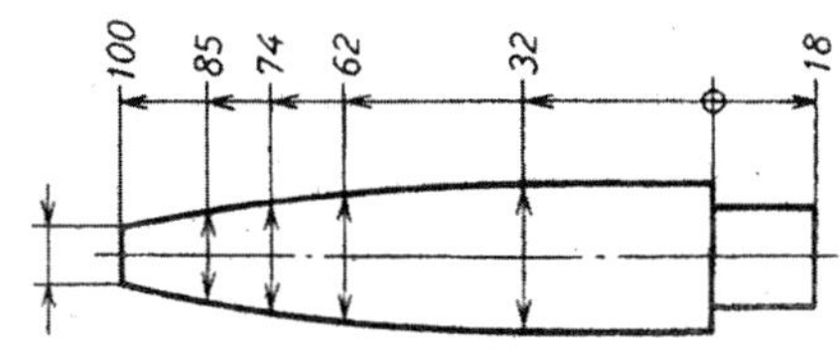

（5）直径 8mm、深さ 15mm の穴を表す図および寸法記入法で、正しく表しているものを一つ選び、その番号を解答用紙の解答欄【 E 】にマークせよ。

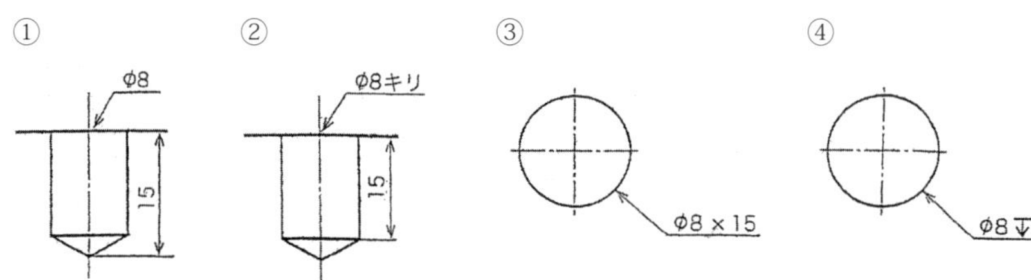

（6）次の公差クラス（旧 JIS 公差域クラス）のうち、許容差（旧 JIS 寸法許容差）が最小値の番号を解答用紙の解答欄【 F 】にマークせよ。

① φ50 g6　② φ50 f5　③ φ50 H8　④ φ50 D7

（7）ねじ製図で M14 × 1.5-5H と表記された意味は次のうちどれか。正しく説明しているものを一つ選び、その番号を解答用紙の解答欄【 G 】にマークせよ。

① 一般用メートル細目ねじ、おねじの等級 5H
② 一般用メートル細目ねじ、めねじの等級 5H
③ 一般用メートル並目ねじ、おねじの等級 5H
④ 一般用メートル並目ねじ、めねじの等級 5H

（8）歯車製図について、正しく説明をしているものを一つ選び、その番号を解答用紙の解答欄【 H 】にマークせよ。

① 歯車は、一般には軸に直角な方向から見た図を正面図とする。
② 歯車の歯先円の線は、正面図・側面図とも細い実線でかく。
③ 歯車の基準円の線は、正面図・側面図とも細い二点鎖線でかく。
④ 歯車の歯底円の線は、細い一点鎖線でかくが、側面図は省略してもよい。

（9）次の幾何公差の特性で、姿勢公差を一つ選び、その番号を解答用紙の解答欄【 I 】にマークせよ。

①
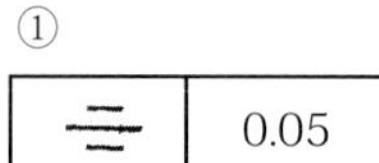

②
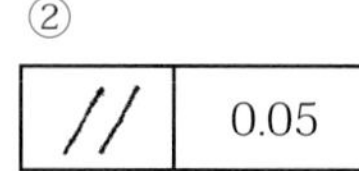

③
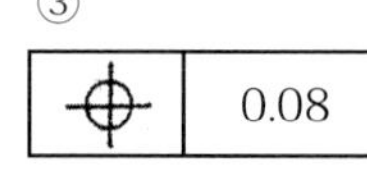

④
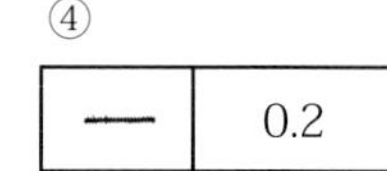

（10）次の幾何公差の特性で、データム指示を必要としない特性はどれか。正しいものを一つ選び、その番号を解答用紙の解答欄【 J 】にマークせよ。

①
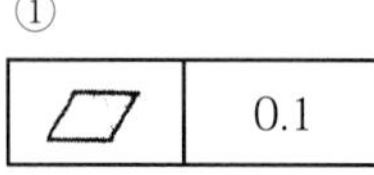

②
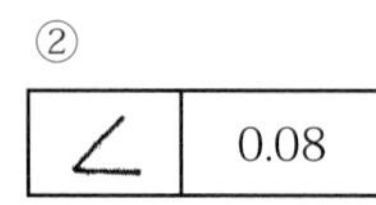

③
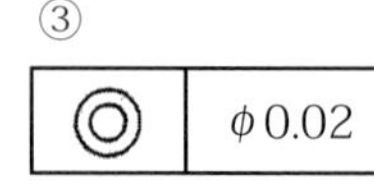

④
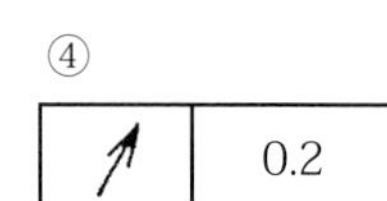

（11）右図に表面性状の図示記号を示す。表面性状で要求される加工方法を指示する位置はいずれか。その位置を一つ選び、その番号を解答用紙の解答欄【 K 】にマークせよ。

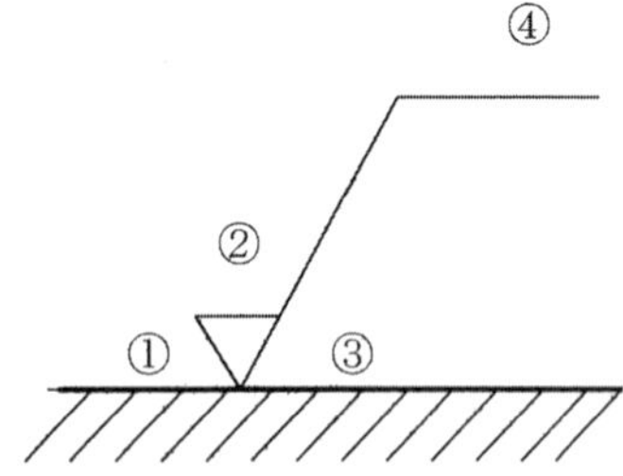

2 図示法・記入法について、次の設問（1）～（4）に答えよ。

（1）部品の大部分が同じ表面性状で一部異なった表面性状を付けて簡略図示する場合、 正しい表し方をしているものを一つ選び、その番号を解答用紙の解答欄【Ａ】にマークせよ。

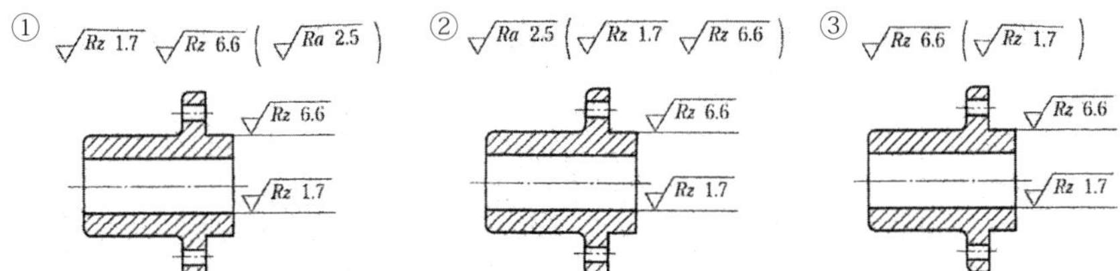

（2）次の寸法記入法で正しく表している図を一つ選び、その番号を解答用紙の解答欄【Ｂ】にマークせよ。

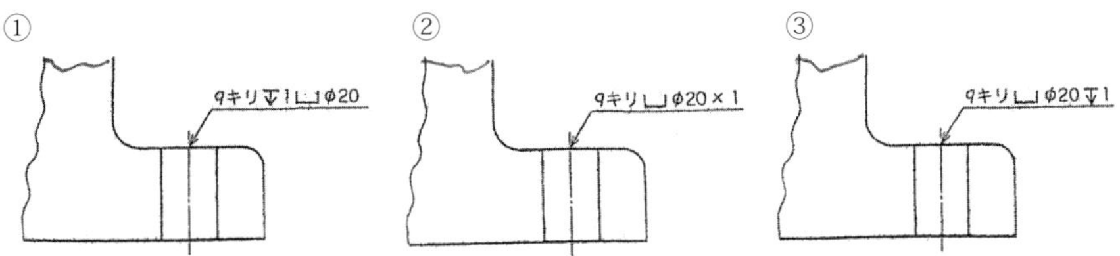

（3）次の寸法記入法で正しく表している図を一つ選び、その番号を解答用紙の解答欄【Ｃ】にマークせよ。

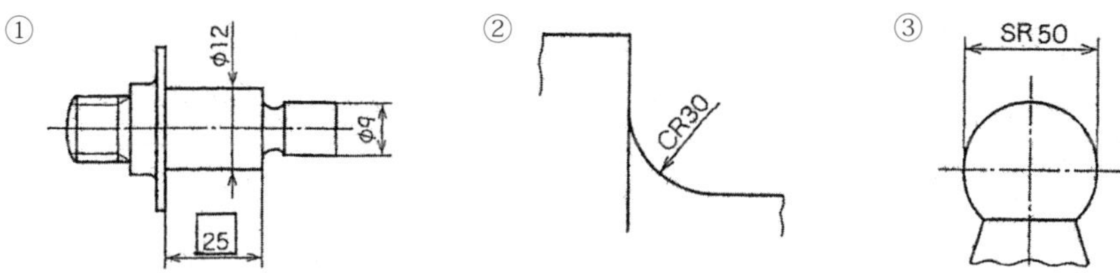

（4）二つ以上の切断面による断面図を組み合わせる断面図示では、断面を見る方向に矢印をつける。下図に示す実形図の最も適切な断面図を一つ選び、その番号を解答用紙の【Ｄ】にマークせよ。

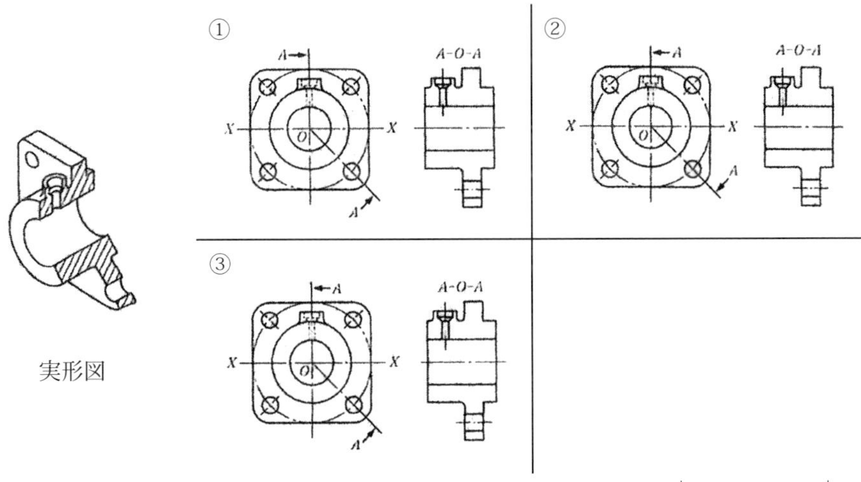

3 材料記号について述べた次の文章の空欄【Ａ】～【Ｌ】に入る適切な記号、語句を下記の〔選択群〕から選び、その番号を解答用紙の解答欄【Ａ】～【Ｌ】にマークせよ。（重複使用可）

機械部品の材料を図面に表す場合に、JIS に材料記号が規定されており、例えば F C 200 のように、原則として次の３つの部分から構成されている。
第１の部分は、材質を表す文字記号で、鉄は【Ａ】、アルミニウムは【Ｂ】、鋼は【Ｃ】、銅は【Ｄ】、青銅は【Ｅ】で表す。
第２の部分は、規格名または製品名を表す文字記号で、鋳造品は【Ｆ】、鍛造品は【Ｇ】、棒は【Ｈ】、板は【Ｉ】、管は【Ｊ】、一般構造用圧延材は【Ｋ】の記号を用いる。
第３の部分は、材料の種類を表すもので、FC200 の 200 は【Ｌ】を示す。

〔選択群〕

① A	② B	③ C	④ D	⑤ F
⑥ S	⑦ T	⑧ P	⑨ 引張強さ	⑩ 炭素含有量

4 下図は、穴 ϕ120 H7（＋0.035／0）と軸 ϕ120 h6（0／－0.022）の組立図である。次の文章の空欄【Ａ】～【Ｉ】に入る適切な用語、数値を下記の〔選択群〕から選び、その番号を解答用紙の解答欄【Ａ】～【Ｉ】にマークせよ。

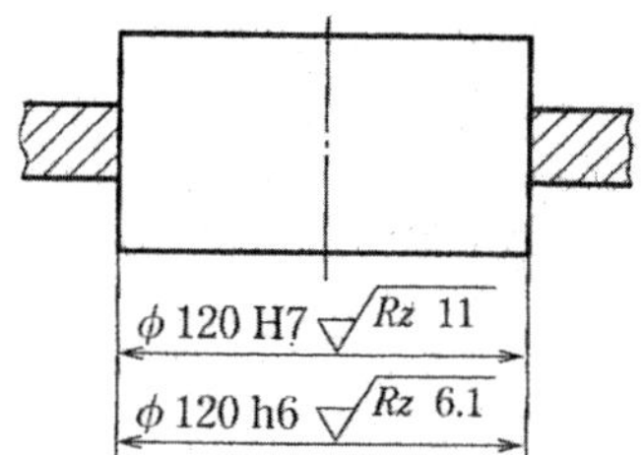

（1）穴の図示サイズ（旧 JIS 基準寸法）は【Ａ】、穴の上の許容サイズ（旧 JIS 最大許容寸法）は【Ｂ】、軸の下の許容サイズは（旧 JIS 最小許容寸法）は【Ｃ】である。穴のサイズ公差（旧 JIS 寸法公差）は【Ｄ】、軸のサイズ公差は【Ｅ】である。
（2）このはめあい方式は【Ｆ】はめあい方式で、はめあいの種類は【Ｇ】ばめである。
（3）図中の Rz の粗さパラメータの名称を【Ｈ】といい、数値の単位は【Ｉ】である。

〔選択群〕

① 0.022	② 0.035	③ ϕ119.978	④ ϕ120.000
⑤ ϕ120.035	⑥ 穴基準	⑦ 軸基準	⑧ すきま
⑨ 中間	⑩ 最大高さ粗さ	⑪ 算術平均粗さ	⑫ mm
⑬ μm			

5 次に示す溶接記号の設問（1)、(2）に答えよ。

（1）下図【Ａ】は、Ｋ形開先溶接の実形図を示す。右側に図示した４つの図から正しい溶接記号の記入法の番号を解答用紙の解答欄【Ａ】にマークせよ。

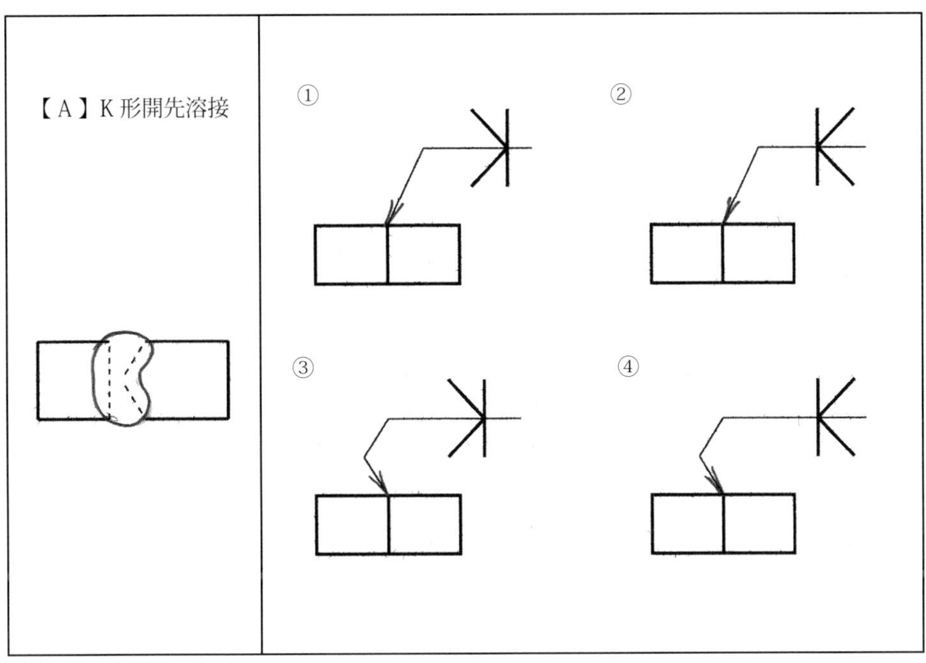

（2）下図【Ｂ】は、すみ肉溶接（不等脚）の実形図を示す。右側に図示した４つの図から正しい溶接記号の記入法の番号を解答用紙の解答欄【Ｂ】にマークせよ。

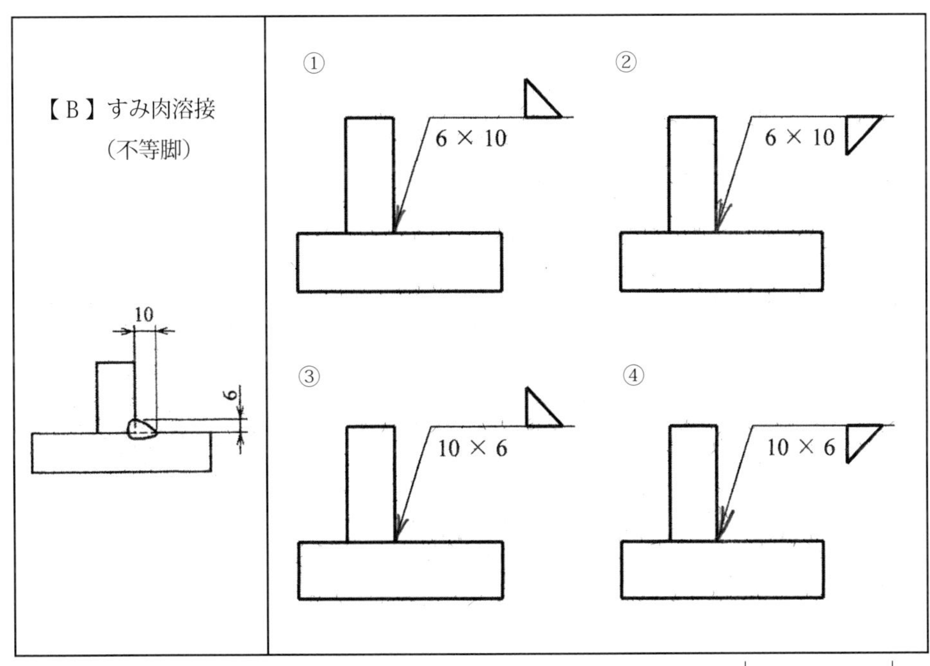

6

次の立体図に関する設問（1）、（2）に答えよ。

（1）下図【Ａ】は、正投影図を表している。正しく表している立体図を一つ選び、その番号を解答用紙の解答欄【Ａ】にマークせよ。

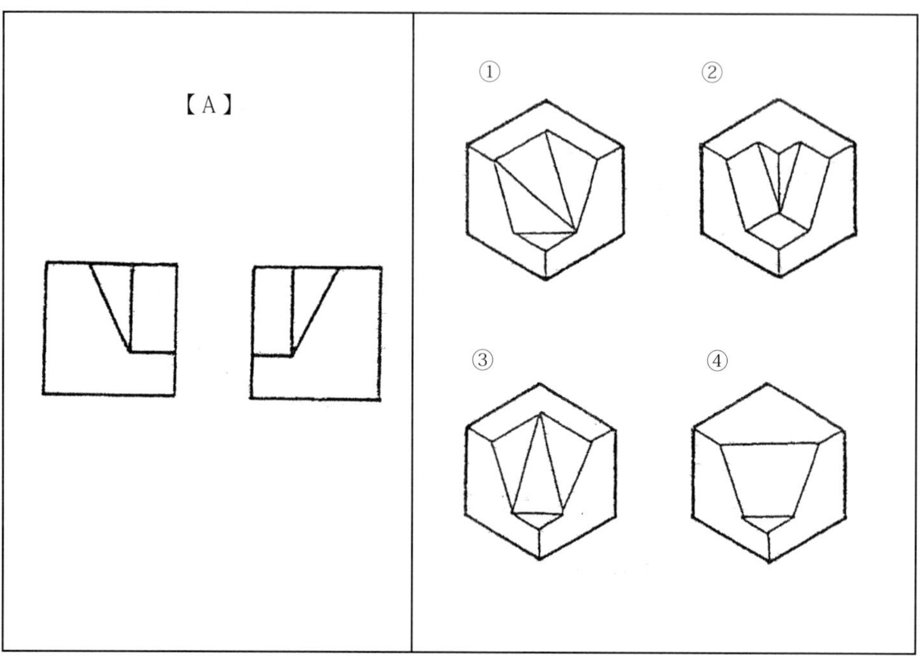

（2）下図【Ｂ】は、正投影図を表している。正しく表している立体図を一つ選び、その番号を解答用紙の解答欄【Ｂ】にマークせよ。

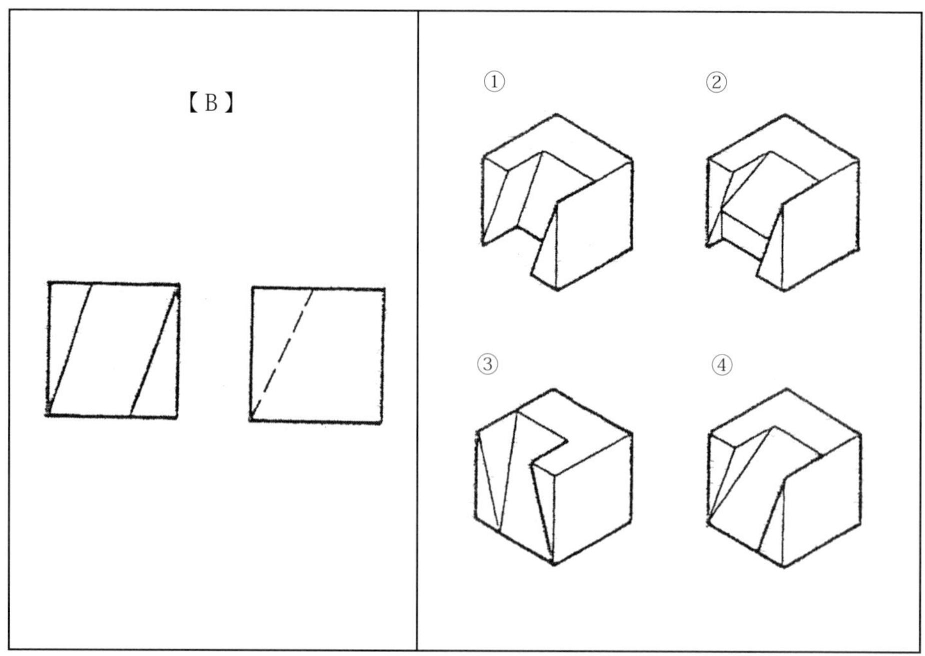

令和元年度

機械設計技術者試験
3級　試験問題Ⅱ

第2時限（120分）

2．材料力学

3．機械力学

5．熱工学

6．制御工学

7．工業材料

令和元年11月17日実施

〔2. 材料力学〕

1

図1のように、長さℓの棒が上端を剛体天井にA、Cで固定されており、下端B、Dが剛体板に接続されている。部材ABは、アルミニウム製であり、部材CDは、軟鋼製である。また、両者とも横断面積は500mm^{2}である。部材ABおよびCDの縦弾性係数は、それぞれE_A = 69GPaおよびE_S = 206GPaとし、部材の長さℓ = 1.5 mで両者の間隔a = 1.2 mとする。荷重P = 40kNで、x = 40cmのとき、以下の設問（1）～（4）に答えよ。

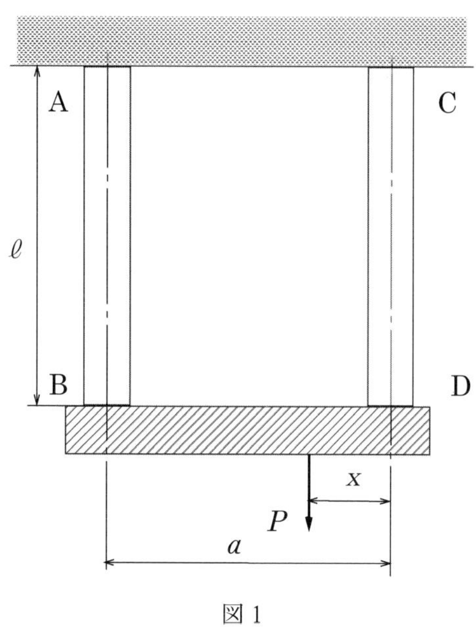

図1

（1）部材CDに作用する張力として最も近い値を下記の〔数値群〕から選び、その番号を解答用紙の解答欄【A】にマークせよ。

〔数値群〕単位：kN

① 20　② 24　③ 27　④ 30　⑤ 34　⑥ 36

（2）部材ABの伸びλ_Aを計算し、その答に最も近い値を下記の〔数値群〕から選び、その番号を解答用紙の解答欄【B】にマークせよ。

〔数値群〕単位：mm

① 0.38　② 0.49　③ 0.51　④ 0.58　⑤ 0.62　⑥ 0.69

（3）部材 CD の伸び λ_S を計算し、その答に最も近い値を下記の〔数値群〕から選び、その番号を解答用紙の解答欄【 C 】にマークせよ。

〔数値群〕単位：mm

① 0.29　② 0.34　③ 0.39　④ 0.43　⑤ 0.48　⑥ 0.59

（4）荷重 P を加える位置によって、両部材の伸びは変化する。部材 AB の伸び λ_A と部材 CD の伸び λ_S が等しくなるような x の値を計算し、その答に最も近い値を下記の〔数値群〕から選び、その番号を解答用紙の解答欄【 D 】にマークせよ。

〔数値群〕単位：cm

① 30　② 32　③ 34　④ 35　⑤ 36　⑥ 38

2 図2のような、ばね鋼材料で作られたコイルばねがある。ばねの素線径$d = 20$mm、コイル平均半径$R = 100$mm、有効巻数$n = 6$、横弾性係数$G = 83$GPaである。つる巻角αは微小とし、荷重$P = 3.0$kNを作用させたとき、下記の設問（1）～（3）に答えよ。

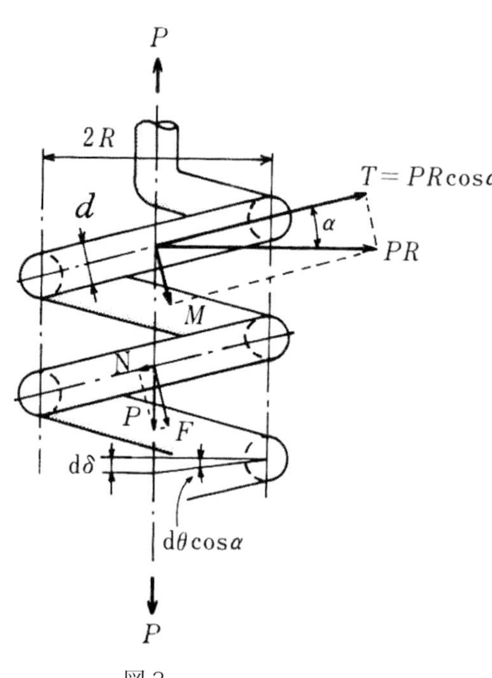

図2

（参考）素線の微小長さ$\mathrm{d}\ell$部分のねじれによってコイル中心線上に生ずるばねの微小な伸び$\mathrm{d}\delta$は、次式で与えられる。

$$\mathrm{d}\delta = R\,\mathrm{d}\theta\cos\alpha \approx \frac{TR}{GI_{\mathrm{p}}}\mathrm{d}\ell$$

これをばねの全有効長ℓにわたって積分すれば、全体の伸びδが得られる。

（1）ばね素線に作用するねじりモーメントTとして最も近い値を下記の〔数値群〕から選び、その番号を解答用紙の解答欄【A】にマークせよ。

〔数値群〕単位：N•m

① 260　② 280　③ 300　④ 320　⑤ 340　⑥ 360

（2）ねじりモーメントTにより、ばねに発生する最大せん断応力τ_{max}として最も近い値を下記の〔数値群〕から選び、その番号を解答用紙の解答欄【B】にマークせよ。

〔数値群〕単位：MPa

① 125　② 136　③ 145　④ 163　⑤ 180　⑥ 191

（3）ばねの伸びδを計算し、最も近い値を下記の〔数値群〕から選び、その番号を解答用紙の解答欄【C】にマークせよ。

〔数値群〕単位：mm

① 72　② 87　③ 92　④ 95　⑤ 97　⑥ 102

3 図３に示すような、両端単純支持はりが、集中荷重 W_1 = 15kN、W_2 = 8.0kN をうけている。はりの全長は ℓ = 2.0m であり、a = 80cm、b = 50cm、c = 70cm である。
下記の設問（1）～（5）に答えよ。

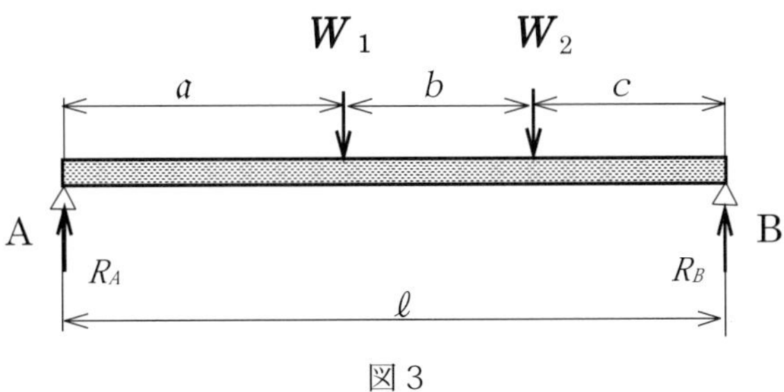

図３

（1）はりの支点反力 R_A を計算し、最も近い値を下記の〔数値群〕から選び、その番号を解答用紙の解答欄【Ａ】にマークせよ。

〔数値群〕単位：kN
① 8　② 9　③ 10　④ 11　⑤ 12　⑥ 14

（2）はりの支点反力 R_B を計算し、最も近い値を下記の〔数値群〕から選び、その番号を解答用紙の解答欄【Ｂ】にマークせよ。

〔数値群〕単位：kN
① 8　② 9　③ 10　④ 11　⑤ 12　⑥ 14

（3）はりに作用する最大曲げモーメント M_{max} を計算し、最も近い値を下記の〔数値群〕から選び、その番号を解答用紙の解答欄【Ｃ】にマークせよ。

〔数値群〕単位：kN･m
① 7.5　② 8.0　③ 8.3　④ 8.5　⑤ 9.0　⑥ 9.4

（4）はりの断面形状を、図 4 に示す。その寸法は、$h_1 = 120$mm、$h_2 = 100$mm、$b_1 = 80$mm、$b_2 = 60$mm、$t = 10$mm である。はりの断面二次モーメント I を計算し、最も近い値を下記の〔数値群〕から選び、その番号を解答用紙の解答欄【 D 】にマークせよ。

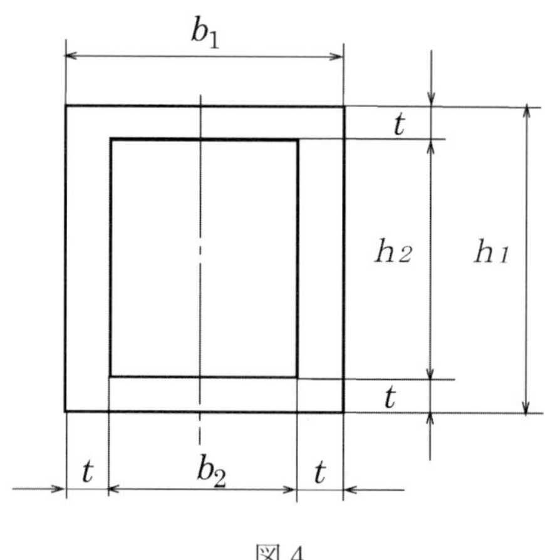

図 4

〔数値群〕単位：$\times 10^{-6}$ m^4

① 4.6　② 5.8　③ 6.0　④ 6.5　⑤ 7.1　⑥ 9.8

（5）はりに生ずる最大曲げ応力 σ_{max} を計算し、最も近い値を下記の〔数値群〕から選び、その番号を解答用紙の解答欄【 E 】にマークせよ。

〔数値群〕単位：MPa

① 66　② 70　③ 75　④ 80　⑤ 87　⑥ 93

〔3. 機械力学〕

1 下図は、直径160mm、240mmで質量が10kg、50kgの2個の円柱ⅠとⅡが、底面から直角の両側面の壁で拘束されている。側面間の距離は、L = 320mmとする。図中A、B、C、D点の接触点の反力R_A、R_B、R_C、R_Dを求めたい。以下の設問（1）～（5）に答えよ。
ただし重力加速度gは、文字式をそのまま使用する。

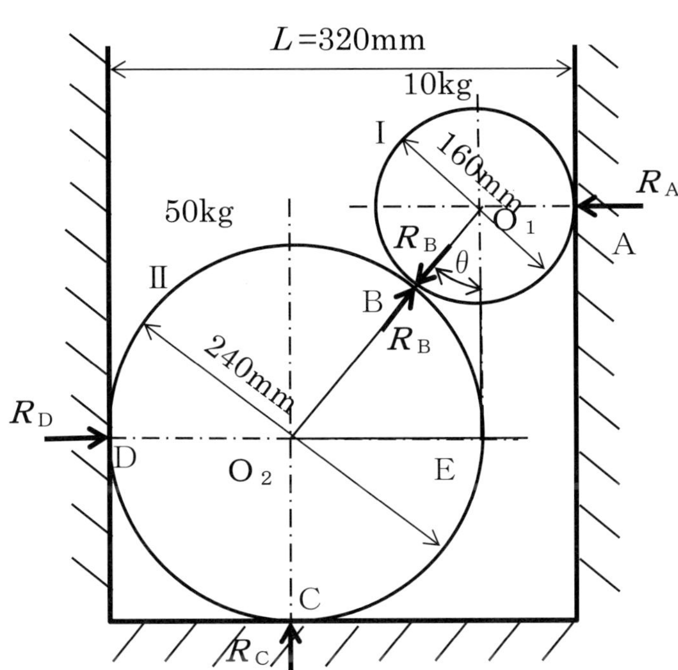

（1）図中の線分O_1O_2の角度であるθを、下記の〔数値群〕から最も近い値を一つ選び、その番号を解答用紙の解答欄【A】にマークせよ。

〔数値群〕
① 23.5°　② 25.2°　③ 32.5°　④ 36.9°　⑤ 53.1°

（2）円柱ⅠのA点の反力R_Aを、下記の〔数値群〕から最も近い値を一つ選び、その番号を解答用紙の解答欄【B】にマークせよ。（gは，重力加速度）

〔数値群〕単位：N
① 3.8 g　② 6.2 g　③ 7.5 g　④ 12.5 g　⑤ 24.5 g

（3）円柱ⅠとⅡのB点の反力R_Bを、下記の〔数値群〕から最も近い値を一つ選び、その番号を解答用紙の解答欄【C】にマークせよ。（gは，重力加速度）

〔数値群〕単位：N
① 3.8 g　② 6.2 g　③ 7.5 g　④ 12.5 g　⑤ 24.5 g

（4）円柱ⅡのＣ点の反力R_Cを、下記の〔数値群〕から最も近い値を一つ選び、その番号を解答用紙の解答欄【Ｄ】にマークせよ。（gは，重力加速度）

〔数値群〕単位：N

① 30.5 g　② 40.0 g　③ 50.5 g　④ 55.0 g　⑤ 60.0 g

（5）円柱ⅡのＤ点の反力R_Dを、下記の〔数値群〕から最も近い値を一つ選び、その番号を解答用紙の解答欄【Ｅ】にマークせよ。（gは，重力加速度）

〔数値群〕単位：N

① 3.8 g　② 6.2 g　③ 7.5 g　④ 12.5 g　⑤ 24.5 g

2

下図は、車の重心Gが高さ$H = 2.4$ mで、車幅$B = 1.8$ mの中央点に位置している状態を表している。さらに図は、遠心力Fとトラック自身の自重による重力Pが作用している状態を表している。トラックの質量mは，8000kg（= 8ton）である。

このトラックが、半径$R = 40$mの平らなカーブを速度v［m/s］で曲がろうとしている。以下の設問（1）～（4）に答えよ。ただし重力加速度は、$g = 9.8$ m/s^{2}とする。

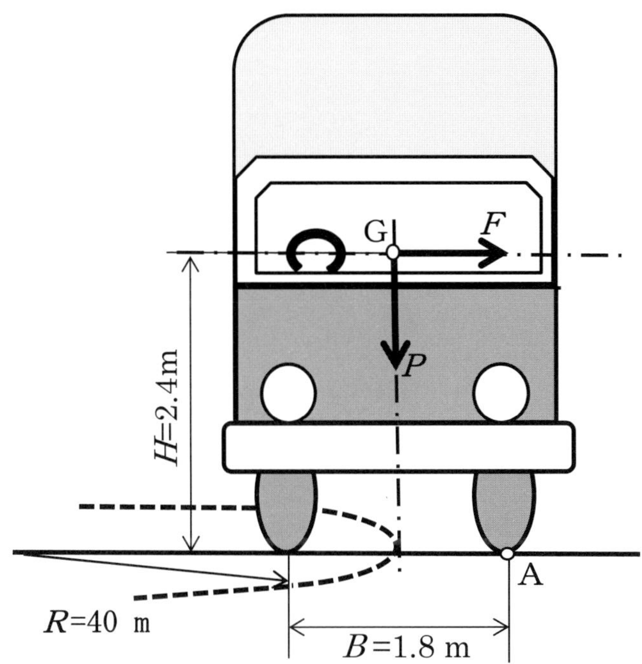

（1）トラックの重心G点における遠心力Fを、下記の〔数式群〕から一つ選び、その番号を解答用紙の解答欄【 A 】にマークせよ。ただし速度vは、未知数としてそのまま使用する。

〔数式群〕単位：N

① $100v^2$　② $180v^2$　③ $200v^2$　④ $280v^2$　⑤ $350v^2$

（2）図中のA点に関する遠心力FによるモーメントM_Fを、下記の〔数式群〕から一つ選び、その番号を解答用紙の解答欄【 B 】にマークせよ。ただし速度vは、未知数としてそのまま使用する。

〔数式群〕単位：N・m

① $180v^2$　② $240v^2$　③ $320v^2$　④ $480v^2$　⑤ $520v^2$

（3）図中A点に関するトラックの重力PによるモーメントM_Pを、下記の〔数値群〕から一つ選び、その番号を解答用紙の解答欄【 C 】にマークせよ。

〔数値群〕単位：N・m

① 30850　② 42605　③ 70560　④ 80210　⑤ 86400

（4）このトラックがカーブを曲がるとき、横転しないためには、いくら以内の速度vでなければならないか。下記の〔数値群〕から最も近い値を一つ選び、その番号を解答用紙の解答欄【Ｄ】にマークせよ。

〔数値群〕単位：m/s

① 12.1　② 14.2　③ 18.4　④ 24.8　⑤ 42.6

3 下図に示すように、傾き30°の斜面の頂点に、滑車が取り付けてある。この滑車にかけたひもの両端に、質量m_1のおもりとm_2の物体を取り付けたところ、質量m_1のおもりは、加速度αで下がり始めた。同時にm_2の物体も加速度αで動き始めた。ひもの張力をT、重力加速度をgとする。

ただし，以下の条件があるとする。

① ひもおよび滑車の摩擦と質量は、無視できるものとする。

② 斜面の摩擦は、無視できるものとする。

③ m_1とm_2の大きさの関係は右に示す通りとする。($m_1 > m_2$)

以下の設問（1）～（4）に答えよ。

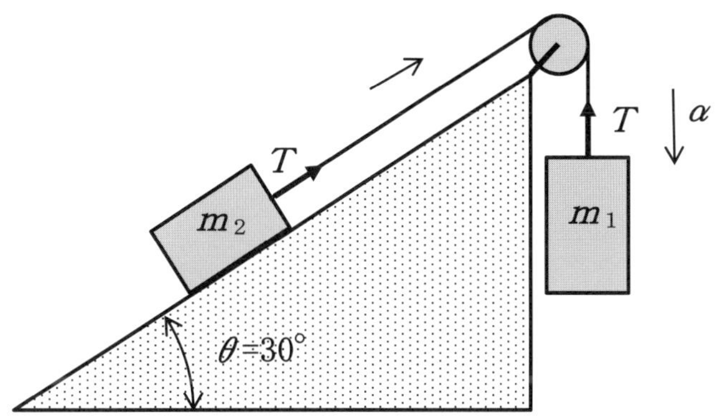

（1）おもりm_1の運動方程式を、下記の〔数式群〕から一つ選び、その番号を解答用紙の解答欄【A】にマークせよ。

〔数式群〕

① $m_1\alpha = \frac{1}{4}m_1 g - T$　② $m_1\alpha = 2m_1 g - T$　③ $m_1\alpha = 4m_1 g - T$　④ $m_1\alpha = m_1 g - T$　⑤ $m_1\alpha = \frac{1}{2}m_1 g - T$

（2）おもりm_2の運動方程式を、下記の〔数式群〕から一つ選び、その番号を解答用紙の解答欄【B】にマークせよ。

〔数式群〕

① $m_2\alpha = 2T - m_2 g$　② $m_2\alpha = T - \frac{1}{2}m_2 g$　③ $m_2\alpha = T - m_2 g$　④ $m_2\alpha = 2m_2 g - T$　⑤ $m_2\alpha = T - \frac{1}{4}m_2 g$

（3）上記２式から求めた加速度αを、下記の〔数式群〕から一つ選び、その番号を解答用紙の解答欄【C】にマークせよ。

〔数式群〕

① $\frac{2(m_1 - m_2)g}{(2m_1 + m_2)}$　② $\frac{2(m_1 - m_2)g}{(m_1 + 2m_2)}$　③ $\frac{(2m_1 - m_2)g}{2(m_1 + m_2)}$　④ $\frac{(m_1 - 2m_2)g}{2(m_1 + m_2)}$　⑤ $\frac{(m_1 - m_2)g}{2(m_1 + m_2)}$

（4）ひもの張力Tを、下記の〔数式群〕から一つ選び、その番号を解答用紙の解答欄【Ｄ】にマークせよ。

〔数式群〕

① $\dfrac{m_1 m_2 g}{2(m_1+m_2)}$　② $\dfrac{3m_1 m_2 g}{2(m_1+m_2)}$　③ $\dfrac{2m_1 m_2 g}{(m_1+m_2)}$　④ $\dfrac{3m_1 m_2 g}{(m_1+m_2)}$　⑤ $\dfrac{2m_1 m_2 g}{3(m_1+m_2)}$

〔5. 熱工学〕

1 次の文章はカルノーサイクルについて述べたものである。以下の設問（1）、（2）の空欄に適切な数値または語句を〔選択群〕より一つ選び、その番号を解答用紙の解答欄【 A 】～【 O 】にマークせよ。解答は重複使用を可とする。

（1）右図 (a)、(b) はカルノーサイクルの状態変化を表すPV 線図と TS 線図である。高熱源の温度を T_1 とすると、状態②から③は温度 T_1 での【 A 】膨張、③から④は【 B 】膨張をして、④から①に【 A 】圧縮、①から②へ【 B 】圧縮するとして、可逆サイクルを行っている。一般にサイクルの有効仕事を L とすると熱力学の【 C 】法則から、L =【 D 】が成り立ち、熱機関のサイクルの熱効率を η とすると $\eta = L / Q_1$ で定義され、L と Q_1 および Q_2 の関係を代入すると

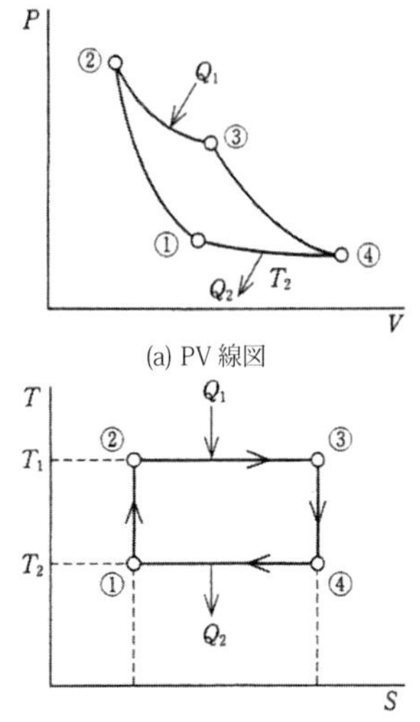

(a) PV 線図

(b) TS 線図

$$\eta = 1 - \frac{【E】}{Q_1}$$

が得られる。また、カルノーサイクルでは

Q_2 / Q_1 =【 F 】/【 G 】

が成り立ち、これを上式に代入することにより、カルノーサイクルでは

$\eta = 1 - T_2 / T_1$

で熱効率が求められる。また、S をエントロピとし、可逆過程におけるエントロピの定義 $dS = dQ / T$ から $dQ = TdS$ となり、可逆カルノーサイクルの等温過程においては TS 線図より、等エントロピ変化となり、図より ΔS を②から③の正のエントロピ変化とすると、

Q_1 =【 H 】$\times \Delta S$、 Q_2 =【 I 】$\times \Delta S$

となり、エントロピ変化がわかれば Q_1 および Q_2 を求めることができる。

等温過程の Q_1、Q_2 を求める式は仕事 W_1、W_2 と同じであり、次式でも求められる。

$$W_1 = Q_1 = P_2V_2 \ln\left(\frac{V_3}{V_2}\right) = mRT_1 \ln\left(\frac{V_3}{V_2}\right)$$

$$W_2 = Q_2 = P_1V_1 \ln\left(\frac{V_4}{V_1}\right) = mRT_2 \ln\left(\frac{V_4}{V_1}\right)$$

令和元年度 問題Ⅱ

この場合、エントロピ変化は図より $Q_2 > 0$ であり、等温過程におけるボイルの法則 PV ＝一定から、容積比と圧力比を用いても表すことができる。すなわち、次式で求められる。

$$\Delta S = \frac{Q_1}{T_1} = mR\ln\left(\frac{V_3}{V_2}\right) = mR\ln\left(【\mathrm{J}】\right)$$

$$\Delta S = \frac{Q_2}{T_2} = mR\ln\left(\frac{V_4}{V_1}\right) = mR\ln\left(\frac{P_1}{P_4}\right)$$

（2）設問（1）の図 (a)、(b) において、②の圧力 P_2 が 1.0MPa、温度 300K の理想気体 0.01m^3 をシリンダー・ピストンで構成される容器に入れて、準静的に等温過程で③の P_3 ＝ 0.1MPa まで膨張させたときの膨張後③の気体の体積 V_3 を求めると、V_3 ＝【 K 】m^3 となる。その時気体が周囲にした仕事を W_1 とすると、W_1 ＝【 L 】kJ、熱量 Q_1 は【 M 】kJ となる。このときのエントロピ変化 ΔS は【 N 】kJ/K が得られ、さらに、この気体の気体定数 R を 0.3kJ/（kg・K）とすると、この理想気体の質量は【 O 】kg となる。

〔選択群〕

① 0.08	② 0.1	③ 0.8	④ 20	⑤ Q_1	⑥ Q_2
⑦ $Q_1 - Q_2$	⑧ $Q_2 - Q_1$	⑨ P_3/P_2	⑩ P_2/P_3	⑪ T_1	⑫ T_2
⑬ 第1	⑭ 第2	⑮ 断熱	⑯ 等圧	⑰ 等容	⑱ 等温

2 高温炉の耐火煉瓦の設計に関する問題である。手順の空欄【 A 】～【 E 】に当てはまる最も近い数値を〔数値群〕から選び、その番号を解答欄【 A 】～【 E 】にマークせよ。

高温炉に熱伝導率が 0.8W/（m・K）で、面積 $1m^2$ の厚さ未定の耐火煉瓦に、さらに熱伝導率　が 0.2W/（m·K）の同じ大きさの厚み 10cm の断熱材を重ねた炉壁がある。炉壁内側の壁の温度は 1273K に保たれており、外側は外気の温度 273K の空気に接し、自然対流熱伝達だけにより、熱エネルギーが空気中に移動するとする。その熱伝達率を 7.0 W/（m^2・K）とする。断熱材の安全使用のため断熱材内側の温度を 973K 以下にしたい。この場合、耐火煉瓦の厚みを何 cm 以上にする必要があるかを求めよ。

手順

炉壁内側の耐火煉瓦の温度を T_1[K]、耐火煉瓦と断熱材の接面の温度を T_2[K]、断熱材外側の温度を T_3[K]、空気の温度を T_a[K]　とし、耐火煉瓦の厚みを δ_1[m]、熱伝導率を λ_1、断熱材の厚みを δ_2[m]、熱伝導率を λ_2、空気側の熱伝達率を h とするとき、耐火煉瓦および断熱材を通過する熱流束 q は以下の式で表わされる。

$$q = (\lambda_1/\delta_1)\cdot(T_1 - T_2) = (\lambda_2/\delta_2)\cdot(T_2 - T_3) = h(T_3 - T_a) \qquad (1)$$

さらに、これらから、次式が誘導できる。

$$q = \frac{T_1 - T_a}{\dfrac{\delta_1}{\lambda_1} + \dfrac{\delta_2}{\lambda_2} + \dfrac{1}{h}} \qquad (2)$$

$$q = \frac{T_2 - T_a}{\dfrac{\delta_2}{\lambda_2} + \dfrac{1}{h}} \qquad (3)$$

まず、（3）式に T_2 =【 A 】[K]、T_a =【 B 】[K]、δ_2 =【 C 】[m]、さらに、λ_2、h に与えられた値を代入し、炉壁を通過する熱流束を求めると、q =【 D 】[W/m^2] が得られる。この値を（1）式に代入することによって耐火煉瓦の厚さを求めることができ、δ_1 =【 E 】[cm] が得られる。

〔数値群〕

① 0.1	② 0.2	③ 0.5	④ 1	⑤ 20
⑥ 273	⑦ 873	⑧ 973	⑨ 1100	⑩ 1273

令和元年度　問題Ⅱ

〔6. 制御工学〕

1 制御に関する次の設問（1）～（8）に答えよ。

（1）制御で第一に要求される制御特性はどれか。最も適切なものを下記の〔語句群〕から一つ選び、その番号を解答用紙の解答欄【 A 】にマークせよ。

〔語句群〕
① 安定性　② 過渡特性　③ 周波数特性　④ 速応性　⑤ フィードバック特性

（2）制御システムの基本構造は、「制御目的」「制御装置」「制御対象」の 3 つの要素で構成されるが、制御対象と制御装置がフィードバックループを形成するシステムにおいて制御対象からの出力を表す語句はどれか。最も適切なものを下記の〔語句群〕から一つ選び、その番号を解答用紙の解答欄【 B 】にマークせよ。

〔語句群〕
① 検出値　② 制御量　③ 操作量　④ フィードバック量　⑤ 目標値

（3）制御方式に電気式・空気圧式・油圧式があり、回路による制御やラダー図を使った表現によるプログラム制御を行う。次の段階で行うべき制御が完全に定められている順序制御と、前段階の制御結果に応じて次の段階の制御を選定する条件制御があり、JIS にも規定されている制御技術はどれか。最も適切なものを下記の〔語句群〕から一つ選び、その番号を解答用紙の解答欄【 C 】にマークせよ。

〔語句群〕
① シーケンス制御　② 追従制御　③ 定置制御　④ デジタル制御　⑤ ロバスト制御

（4）入力信号に応じて一定角度ずつ回転し、別名「パルスモータ」とも呼ばれる。オープンループで制御できるモータであり、モータにかかる負荷が大きくなると「脱調」の欠点を持つ。プリントヘッドの位置を動かしたり、印刷用紙を送ったりするプリンタにも用いられているモータはどれか。最も適切なものを下記の〔語句群〕から一つ選び、その番号を解答用紙の解答欄【 D 】にマークせよ。

〔語句群〕
① PWM モータ　② サーボモータ　③ ステッピングモータ
④ マイクロモータ　⑤ リニアモータ

（5）過渡応答の特性指標のうち、応答が定常値の 10% から 90% までに達する時間を表す語句はどれか。最も適切なものを下記の〔語句群〕から一つ選び、その番号を解答用紙の解答欄【 E 】にマークせよ。

〔語句群〕

① 行き過ぎ時間　② 遅れ時間　③ 整定時間　④ 立ち上がり時間　⑤ 定常時間

（6）入力に対してあらかじめ定められた時間だけ遅れて出力側の接点を開閉するリレーで、動作形式に「オンディレー」と「オフディレー」がある制御機器はどれか。最も適切なものを下記の〔語句群〕から一つ選び、その番号を解答用紙の解答欄【 F 】にマークせよ。

〔語句群〕

① リミットスイッチ　② カウンタ　③ 近接スイッチ　④ タイマー　⑤ リードスイッチ

（7）制御では、制御量を目標値に一致させることは難しく、原理的にオフセットが生じる。オフセットが現れた場合に操作量を変えて、オフセットを打ち消す動作をするが、強すぎるとハンチングが起きやすくなる制御動作はどれか。最も適切なものを下記の〔語句群〕から一つ選び、その番号を解答用紙の解答欄【 G 】にマークせよ。

〔語句群〕

① 1次遅れ動作　② 2次遅れ動作　③ 積分動作　④ 微分動作　⑤ 比例動作

（8）正弦波の入力信号に対して示す応答の表現のうち、横軸に対数目盛の角周波数 [rad/s]、縦軸にデシベル値で示したゲイン [dB] をとったゲイン曲線と位相 [deg] をとった位相曲線により、システムの解析や演算など設計を進めていく上で、重要な意味をもつ線図はどれか。最も適切なものを下記の〔語句群〕から一つ選び、その番号を解答用紙の解答欄【 H 】にマークせよ。

〔語句群〕

① 伝達線図　② フィードバック線図　③ プロセス線図

④ ブロック線図　⑤ ボード線図

2 右図に示す質量 m の移動物体に粘性摩擦係数 c のダンパが取り付けられている。移動物体と平面の摩擦などによる力は作用しないものとして、次の設問（1）～（4）に答えよ。

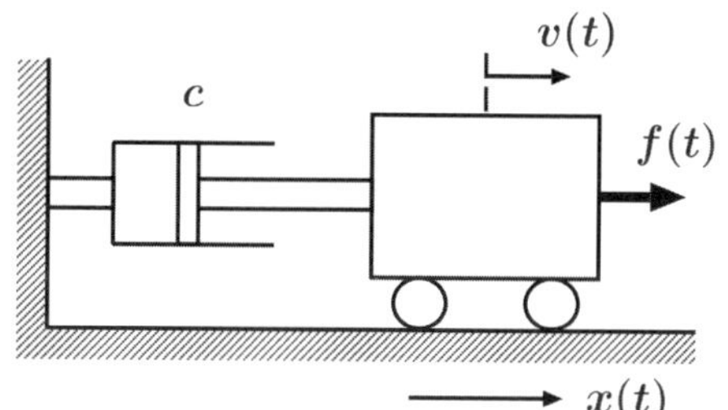

（1）入力を力 $f(t)$、出力を速度 $v(t)$ としたとき伝達関数 $G(s)$ として、適切な式を下記の〔数式群〕の中から選び、その番号を解答用紙の解答欄【A】にマークせよ。

〔数式群〕

① $\dfrac{c}{ms+c}$　② $\dfrac{m}{ms+c}$　③ $\dfrac{1}{s(ms+c)}$　④ $\dfrac{1}{s(cs+m)}$

⑤ $\dfrac{1}{ms+c}$　⑥ $\dfrac{1}{cs+m}$　⑦ $\dfrac{1}{ms^2+cs+1}$　⑧ $\dfrac{1}{cs^2+ms+1}$

（2）この系の時定数 T を求める計算式として、適切な数式を下記の〔数式群〕の中から選び、その番号を解答用紙の解答欄【B】にマークせよ。

〔数式群〕

① mc　② $\dfrac{c}{m}$　③ $\dfrac{m}{c}$　④ $\dfrac{2m}{c}$　⑤ $\dfrac{2c}{m}$　⑥ $\dfrac{m}{2c}$　⑦ $\dfrac{c}{2m}$

（3）移動物体に力 $f(t) = 1\text{N}$ を与えたとき、この系の定常速度 $v(\infty)$ を計算する式として、適切な数式を下記の〔数式群〕の中から選び、その番号を解答用紙の解答欄【C】にマークせよ。

〔数式群〕

① $\dfrac{T}{c}$　② $\dfrac{2T}{c}$　③ $\dfrac{T}{2c}$　④ $\dfrac{1}{c}$　⑤ $\dfrac{1}{2c}$　⑥ $\dfrac{1}{Tc}$　⑦ $\dfrac{1}{2Tc}$

（4）移動物体の質量 $m = 3\text{kg}$ に力 $f(t) = 1\text{N}$ を与えたとき、定常速度の 63.2 % に達するまでの時間が 2.5 s であった。ダンパの粘性摩擦係数 c の値を計算し、最も近い値を下記の〔数値群〕の中から選び、その番号を解答用紙の解答欄【D】にマークせよ。

〔数値群〕

① 0.22　② 0.34　③ 0.47　④ 0.61　⑤ 0.74　⑥ 0.83　⑦ 0.96　⑧ 1.17

〔7. 工業材料〕

1 下図は、炭素量の異なる機械構造用炭素鋼の完全焼なまし組織の顕微鏡写真である。この組織に関する以下の設問（1）～（5）に答えよ。

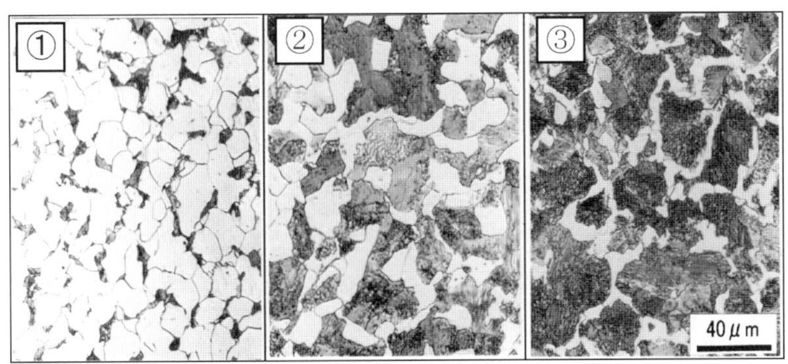

（1）３枚の写真のうち、写真②の鋼種の予想される炭素含有量は次のうちのどれか。解答欄【A】にマークせよ。

① 0.02%　② 0.17%　③ 0.32%　④ 0.48%　⑤ 0.62%

（2）３枚の写真において、共通的に白い箇所の組織の名称は次のうちのどれか。解答欄【B】にマークせよ。

① オーステナイト　② フェライト　③ ソルバイト　④ マルテンサイト　⑤ パーライト

（3）３枚の写真において、共通的に黒い箇所の組織の名称は次のうちのどれか。解答欄【C】にマークせよ。

① オーステナイト　② フェライト　③ ソルバイト　④ マルテンサイト　⑤ パーライト

（4）（3）で選んだ組織の炭素量は次のうちのどれか。解答欄【D】にマークせよ。

① 約 0.4%　② 約 0.6%　③ 約 0.8%　④ 約 1.0%　⑤ 約 1.2%

（5）（3）で選んだ組織は２種類の相の組み合わせで構成されている。その組み合わせは次のうちのどれか。解答欄【E】にマークせよ。

① γ鉄＋α鉄　② α鉄＋セメンタイト（Fe_3C）　③ δ鉄＋γ鉄　④ δ鉄＋α鉄　⑤ γ鉄＋セメンタイト（Fe_3C）

2 次の設問（1）～（10）は、種々の金属について記述したものである。各設問について当てはまる金属の名称を答えよ。答えは〔語句群〕の中から最も適切なものを選び、その番号を解答用紙の解答欄【Ａ】～【Ｊ】にマークせよ。ただし、重複使用は不可である。

（1）ブリキは、軟鋼板にこの金属をめっきしたものである。水に対する耐食性が優れているので缶詰や業務用バケツなどに使用されている。解答欄【Ａ】にマークせよ。

（2）金属のうちでは最も融点が高く、電気抵抗が大きいので各種フィラメントに使用されている。この金属の炭化物は硬さが非常に高いので、切削工具材料にもよく使用されている。解答欄【Ｂ】にマークせよ。

（3）銀白色で強磁性体である。光沢があり、耐食性が優れているので装飾用めっき皮膜としてよく用いられている。解答欄【Ｃ】にマークせよ。

（4）酸やアルカリに溶けやすく、犠牲電極としてのめっき金属や乾電池の陰極に使用されている。トタンは軟鋼板にこの金属をめっきしたもので、建築資材として使用されている。解答欄【Ｄ】にマークせよ。

（5）銀白色で、化学的に非常に安定であり装飾品によく利用されている。触媒合金材としても利用され、自動車の排気ガスの浄化触媒などに使用されている。解答欄【Ｅ】にマークせよ。

（6）鉄の約 1/3 の重さで、加工性や耐食性が優れている。ジュラルミンは、この金属と銅及びマグネシウムとの合金で、航空機や建築構造物の材料として使用されている。解答欄【Ｆ】にマークせよ。

（7）鋼の約半分の重さで、海水に対して優れた耐食性を有する。アルミニウム（Al）及びバナジウム（V）との合金は、熱処理によって 1000MPa 以上の引張強さが得られる。解答欄【Ｇ】にマークせよ。

（8）光沢銀白色の金属で、耐食性が優れているので、主にめっき用金属として使用されている。合金元素として、この金属を 12% 以上含有する合金鋼は、ステンレス鋼と呼ばれている。解答欄【Ｈ】にマークせよ。

（9）室温での電気伝導率及び熱伝導率が金属中で最も高い。貴金属の中では耐食性が劣り、硫化水素によって黒色に変色する。解答欄【Ｉ】にマークせよ。

(10) 有色金属の一つで、熱伝導性や電気伝導性が良好なため、電気工業には欠かせない金属である。黄銅（真鍮）は、この金属と亜鉛（Zn）との合金である。解答欄【 J 】にマークせよ。

〔語句群〕

① ニッケル（Ni）	② 亜鉛（Zn）	③ クロム（Cr）
④ 銅（Cu）	⑤ 銀（Ag）	⑥ チタン（Ti）
⑦ マグネシウム（Mg）	⑧ 金（Au）	⑨白金（Pt）
⑩ 鉛（Pb）	⑪ スズ（Sn）	⑫ タングステン（W）
⑬ コバルト（Co）	⑭ アルミニウム（Al）	

令和元年度　3級　試験問題Ⅰ　解答・解説

（1. 機構学・機械要素設計　4. 流体工学　8. 工作法　9. 機械製図）

［1. 機構学・機械要素設計］

1　解答

A	B	C	D	E	F	G	H
③	②	④	③	②	③	④	③

解説

- モータなどで玉軸受を使用する場合，内部のすきまがあると玉の遊びが大きくなってしまい，軸受の剛性も低く，軸の回転振動が大きくなる．そこで，あらかじめアキシアル方向に荷重を加えて，内部のすきまを「0」にする．この軸方向に予め加える荷重が「予圧」であり，予圧を加えることで回転時の振動低減改善が期待でき，軸受の剛性が高まる．なお，予圧は適当に加えておけば良いものではなく，転がり玉軸受の要求性能に対する適切な予圧の量がある．
- バックラッシとは，一対の歯車をかみ合わせたときの歯面間の「すき間（あそび）」のこと．バクラッシが大きいと騒音や振動の発生原因となる．
- はすば歯車は，かみ合い率が高いため同じサイズの平歯車よりも高強度かつ低振動・低騒音が特徴である．しかし，軸方向に力が掛かる欠点があり，スラスト荷重を受けられる軸受（円すいころ軸受など）が必要となる．

2

（1）**解答**

A
⑤

解説

伝達トルク T を計算すると

$$T = \frac{60}{2\pi} \cdot \frac{P}{N} \times 10^6 = \frac{60}{2 \times 3.14} \times \frac{3.7}{550} \times 10^6 = 64\,273\ \mathrm{N \cdot mm}$$

許容ねじり応力 τ_a から軸径 d を求めると

$$d = \sqrt[3]{\frac{16T}{\pi \tau_a}} = \sqrt[3]{\frac{16 \times 64\,273}{3.14 \times 30}} = 22.2\ \mathrm{mm}$$

したがって，強度上最も適切な軸径は <u>$d = 25$ mm</u> である．

（2）**解答**

B
⑥

解説

表 1 より，軸径 $d = 25$ mm に適応する平行キーの呼び寸法は 8×7 であるから，キーの幅 $b = 8$ mm，$h = 7$ mm を用いる．

軸のせん断応力 $\tau = \dfrac{16T}{\pi d^3}$，キーのせん断応力 $\tau_k = \dfrac{2T}{b\ell d}$ であり，題意から $\tau = \tau_k$,

軸とキーは同一材料なので $\dfrac{16T}{\pi d^3} = \dfrac{2T}{b\ell d}$ より，

$$\ell = \frac{\pi d^2}{8b} = \frac{3.14 \times 25^2}{8 \times 8} = 30.6 \text{ mm}$$ と求まる．

したがって，〔数値群〕の値から <u>32 mm</u> とする．

（3）**解答**

C
⑦

解説

ねじれ角 $\theta = \dfrac{180}{\pi} \cdot \dfrac{TL}{I_p G}$ であるから，

$$\theta = \frac{180}{\pi} \cdot \frac{32TL}{\pi d^4 G} = \frac{180}{3.14} \times \frac{32 \times 64\,273 \times 1\,000}{3.14 \times 25^4 \times 80 \times 10^3} = \underline{1.20\text{ 度}}$$

（4）**解答**

D
⑦

解説

伝達トルク $T = \dfrac{60}{2\pi} \cdot \dfrac{P}{N_s} \times 10^6$,

ねじれ角 $\theta = \dfrac{180}{\pi} \cdot \dfrac{TL}{I_p G}$ より，$\dfrac{1}{T} = \dfrac{180 \times 32}{\pi^2 d^4} \cdot \dfrac{L}{G\theta}$ であるから，

両式より

$$N_s = \frac{5\,760}{\pi^2 d^4} \cdot \frac{60}{2\pi} \cdot \frac{PL}{G\theta} \times 10^6 = \frac{172\,800}{\pi^3 d^4} \cdot \frac{PL}{G\theta} \times 10^6$$

$$= \frac{172\,800}{3.14^3 \times 25^4} \cdot \frac{3.7 \times 1\,000}{80 \times 10^3 \times 0.25} \times 10^6 = 2\,643.4\ \mathrm{min}^{-1} = \underline{2\,644\ \mathrm{min}^{-1}}$$

令和元年度 問題 I 解答・解説

[4. 流体工学]

1 解答

A	B	C	D
⑥	⑦	⑩	②

解説

管径比 D/d は,

$$\sqrt[4]{\frac{2(\rho_w g H)}{\rho_a {v_2}^2}+1} = \sqrt[4]{\frac{2(1\,000 \times 9.8 \times 0.15)}{1.23 \times 400}+1} = \sqrt[4]{6.98} = \underline{1.63}$$

2 解答

A	B	C	D
③	④	②	②

解説

（1）平均流速は

$$v = \frac{Q}{A} = \frac{4Q}{\pi d^2} = \frac{4 \times 40 \times 10^{-3}}{\pi \times 0.25^2} = \underline{0.814\ \mathrm{m/s}}$$

（2）管内のレイノルズ数 Re は

$$Re = \frac{\rho v d}{\mu} = \frac{0.895 \times 1\,000 \times 0.814 \times 0.25}{0.1} = \underline{1\,821}$$

（3）（2）より管内の流れは層流であるので，管摩擦係数 λ は

$$\lambda = \frac{64}{Re} = \frac{64}{1\,821} = \underline{0.0351}$$

（4）圧力損失 Δp は

$$\Delta p = \lambda \cdot \frac{L}{d} \cdot \frac{\rho v^2}{2}$$

$$= 0.0351 \times \frac{2\,000}{0.25} \times \frac{0.895 \times 1\,000 \times 0.81^2}{2}$$

$$= 82\,444\ \mathrm{Pa} = \underline{82.4\ \mathrm{kPa}}$$

[8. 工 作 法]

1 解答

I					II				
A	B	C	D	E	F	G	H	I	J
①	①	②	②	①	④	①	②	⑤	③

解説

特殊鋳造法は精密鋳造法であり，精度が求められる部品の鋳造に利用されている．これを鋳型造形法と鋳込み法に分類するのが始めの課題である．鋳型造形法は鋳型の中に溶かした金属（溶湯）を加圧しないで流し込むということで重力鋳造法ということになる．鋳込み法は加圧して流し込むので圧力鋳造法になる．

圧力鋳造法において，溶湯を加圧する方法として遠心力を利用するのが遠心鋳造法であり，緻密で正確な鋳物ができる．高速回転で鋳型の内壁に溶湯を押し付ける鋳造なので，鋳鉄管などの管状部品の製造に用いられている．圧力鋳造法の代表が溶湯を金型の中に高圧で注入するダイカスト法である．製品精度が高く量産に優れているために，非鉄金属材料を対象にした小物・薄肉部品の製造に活用されている．

また，重力鋳造法には以下の方法がある．

炭酸ガスを通気させ，型を硬化させて鋳造する砂型鋳造法を炭酸ガス法（CO_2 法）と呼んでいる．通常の砂型に比べて強度が高いために鋳造速度を早くできるなどの長所を有している．シェルモールド法は，砂に樹脂粉末を混合したレジンサンドを用いてシェル状の鋳型を製作し，これを使って鋳造する方法である．ロストワックス法は，インベストメント法とも呼ばれ，ロウで作った模型の周りに耐火性の材料を詰めた後，加熱してロウを流し出し，この空洞に溶湯を流し込んで部品を鋳造するもので，複雑形状を有する特殊合金の精密鋳造などに使われている．

2 解答

I					II				
A	B	C	D	E	F	G	H	I	J
②	④	①	③	⑤	②	④	⑤	①	③

解説

空気圧システムは，ローコストかつ短期間で装置が開発できるために，高速作動の多くの自動機器に利用されている．システムにはその目的によって様々な空気圧機器が使われる．Ⅰ欄は空気圧機器の分類についての設問である．

空気圧発生装置の代表はエアコンプレッサ（空気圧縮機）である．空気を圧縮する機能を有する他の機器に送風機，ブロアもある．それらの区分は一般的に吐出圧力で行われ，エアコンプレッサは吐出圧力が約 0.1 MPa 以上のものであり，未満のものを送風機またはブロアと呼んでいる．

調質装置とはエアコンプレッサで圧縮された空気の状態を調整する機能を持つ．一般的に空気を清浄化するフィルタ，空気圧を調整するレギュレータ，潤滑油の供給を行うルブリケータと呼ばれる機器が使用される．この 3 点を一体化したものが 3 点セット（FRL ユニット）である．

制御装置は空気の流れの方向を制御するもので，代表的な機器は方向制御弁（エアバルブ）である．エアバルブには様々な種類があるが，その作動方式から分類したときに電磁石で弁を切り替えるものを電磁弁（ソレノイドバルブ）という．自動システムは電気電子制御で行われることから，制御弁もほとんど電磁弁が使われている．

空気圧を利用して直接仕事をする機器が駆動装置（アクチュエータ）である．最も多く利用されているのが直線運動に変換する空気圧シリンダであるが，その他回転運動をする空気圧モータなどが使われる．スピードコントローラ（スピコン）は空気流量を調整する流量制御弁で，アクチュエータの動作速度を制御するために使用される．

[9. 機械製図]

1 解答

A	B	C	D	E	F	G	H	I	J	K
③	④	③	③	④	②	②	①	②	①	④

解説

機械製図に関する基本的な問題である．各問において，正しく説明，図示しているものを一つ選択する．間違えている文章については，間違いの箇所にアンダーラインを引き，正しい語句を文末の（　）内に示す．

【A】 機械製図では**表 1** に示すA列サイズの製図用紙を用いる．製図用紙の配置は，**図 1** に示すように長辺を左右方向に置いて用いるが，A4 に限っては短辺を左右方向に置いてもよい．図面には，線の太さが 0.5 mm 以上の輪郭線を設け，表題欄の位置は図 1 に示すとおりである．

① A0 サイズの製図用紙の寸法は，594 × 841 の大きさである．（841 × 1 189）

② A0 サイズの製図用紙の大きさは，A3 サイズの 4 倍の大きさである．（A2）

③ A3 サイズの製図用紙は，長辺を横向きに置き，右下すみに表題欄を設ける．　**正答**

④ 製図用紙には，太さ 0.5 mm 以上の実線で外形線を設ける．（輪郭線）

表 1　製図用紙の大きさと図面の輪郭　　（単位 mm）

<table>
<tr><th colspan="2">A 列サイズ</th><th colspan="4">延長サイズ</th><th rowspan="3">c
（最小）</th><th colspan="2">d（最小）</th></tr>
<tr><th colspan="2">第 1 優先</th><th colspan="2">第 2 優先</th><th colspan="2">第 3 優先</th><th rowspan="2">とじない
場合</th><th rowspan="2">とじる
場合</th></tr>
<tr><th>呼び方</th><th>寸法 a×b</th><th>呼び方</th><th>寸法 a×b</th><th>呼び方</th><th>寸法 a×b</th></tr>
<tr><td>A 0</td><td>841×1189</td><td></td><td></td><td>A 0×2
A 0×3</td><td>1189×1682
1189×2523(1)</td><td rowspan="2">20</td><td rowspan="2">20</td><td rowspan="5">20</td></tr>
<tr><td>A 1</td><td>594×841</td><td></td><td></td><td>A 1×3
A 1×4</td><td>841×1783
841×2378(1)</td></tr>
<tr><td>A 2</td><td>420×594</td><td></td><td></td><td>A 2×3
A 2×4
A 2×5</td><td>594×1261
594×1682
594×2102</td><td rowspan="3">10</td><td rowspan="3">10</td></tr>
<tr><td>A 3</td><td>297×420</td><td>A 3×3
A 3×4</td><td>420×891
420×1189</td><td>A 3×5
A 3×6
A 3×7</td><td>420×1486
420×1783
420×2080</td></tr>
<tr><td>A 4</td><td>210×297</td><td>A 4×3
A 4×4
A 4×5</td><td>297×630
297×841
297×1051</td><td>A 4×6
～
A 4×9</td><td>297×1261
～
297×1892</td></tr>
</table>

注 (1) このサイズは，取扱い上の理由で使用を推奨できない，としている．

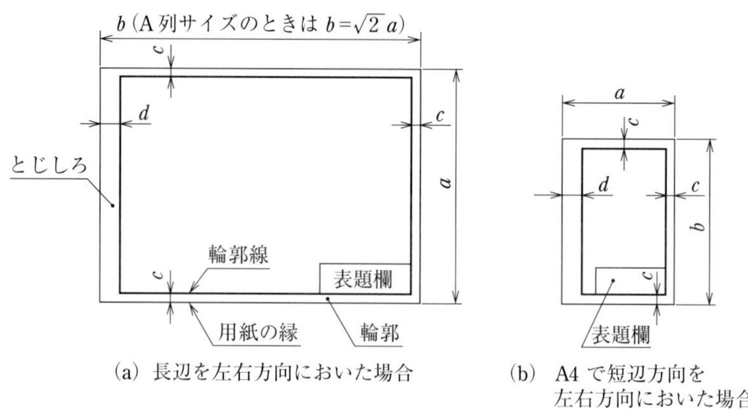

(a) 長辺を左右方向においた場合

(b) A4 で短辺方向を左右方向においた場合

図 1　製図用紙の配置

【B】　図面に用いる線の種類と用法を**表 2** に示す.

① 想像線は，対象物の見えない部分を表すのに用いる.（かくれ線）

② 切断線は，対象物の一部を破った境界を表すのに用いる.（破断線）

③ 特殊指定線は，加工前または加工後の形状を表すのに用いる.（想像線）

④ 寸法補助線は，寸法を記入するために図形から引き出すのに用いる.　**正答**

表 2　主な線の種類と用法

用途による名称	線の種類 [3]		線の用途
外形線	太い実線		対象物の見える部分の形状を表すのに用いる．
寸法線	細い実線		寸法を記入するのに用いる．
寸法補助線			寸法を記入するために図形から引き出すのに用いる．
引出線			記述・記号などを示すために引き出すのに用いる．
回転断面線			図形内にその部分の切り口を90度回転して表すのに用いる．
中心線			図形に中心線を簡略に表すのに用いる．
水準面線 [1]			水面，液面などの位置を表すのに用いる．
かくれ線	細い破線または太い破線		対象物の見えない部分の形状を表すのに用いる．
中心線	細い一点鎖線		a） 図形の中心を表すのに用いる． b） 中心が移動する中心軌跡を表すのに用いる．
基準線			特に位置決定のよりどころであることを明示するのに用いる．
ピッチ線			繰返し図形のピッチをとる基準を表すのに用いる．
特殊指定線	太い一点鎖線		特殊な加工を施す部分など特別な要求事項を適用すべき範囲を表すのに用いる．
想像線 [2]	細い二点鎖線		a） 隣接部分を参考に表すのに用いる． b） 工具，ジグなどの位置を参考に示すのに用いる． c） 可動部分を，移動中の特定の位置または移動の限界の位置で表すのに用いる． d） 加工前または加工後の形状を表すのに用いる． e） 図示された断面の手前にある部分を表すのに用いる．
重心線			断面の重心を連ねた線を表すのに用いる．
破断線	不規則な波形の細い実線またはジグザグ線		対象物の一部を破った境界，または一部を取り去った境界を表すのに用いる．
切断線	細い一点鎖線で，端部および方向の変わる部分を太くしたもの [4]		断面図を描く場合，その断面位置を対応する図に表すのに用いる．
ハッチング	細い実線で，規則的に並べたもの		図形の限定された特定の部分を他の部分と区別するのに用いる．例えば，断面図の切り口を示す．
特殊な用途の線	細い実線		a） 外形線およびかくれ線の延長を表すのに用いる． b） 平面であることを示すのに用いる． c） 位置を明示または説明するのに用いる．
	極太の実線		薄肉部の単線図示を明示するのに用いる．

注（1） JIS Z 8316 には，規定されていない．

（2） 想像線は，投影法上では図形に現れないが，便宜上必要な形状を示すのに用いる．また，機能上・工作上の理解を助けるために，図形を補助的に示すためにも用いる．

（3） その他の線の種類は，JIS Z 8312 によるのがよい．

（4） 他の用途と混用のおそれがないときは，端部および方向の変わる部分を太くする必要はない．

【C】品物の形状を最もよく表す面を正面に選び，得られた図を正面図とする．第三角法は，**図 2** に示すように正面図（A'）を基準とし，他の投影図は図のように配置する．

① 第三角法の投影図の配置で，正面図の右には左側面図が配置される．（右側面）

② 第三角法の投影図の配置で，正面図の上には上面図が配置される．（平面図）

③ 第三角法の投影図の配置で，正面図の下には下面図が配置される．**正答**

④ 第三角法の投影図で，品物の裏側から投影した図を裏面図という．（背面図）

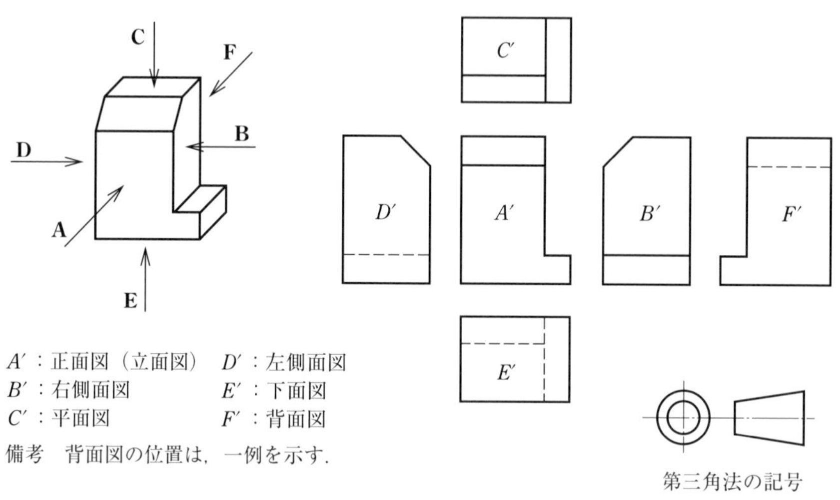

図 2　第三角法による各投影図の配置

【D】 JISでは，直列寸法記入法，並列寸法記入法，累進寸法記入法，極座標寸法記入法の4つの寸法記入法が規定されている．問題に示した **図 3** は累進寸法記入法である．この寸法記入法の特徴は，並列寸法記入法と同等で個々の寸法公差が他の公差に影響を与えない．また，1本の連続した寸法線で表示でき，寸法の起点の位置は起点記号（○）で示し，寸法の他端は矢印を付ける．③が正答である．

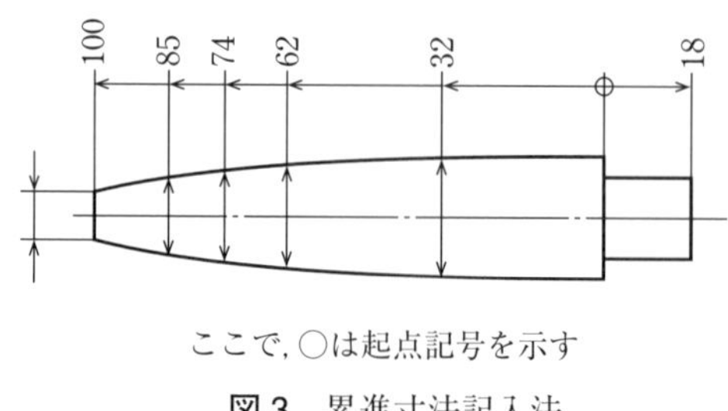

ここで，○は起点記号を示す

図 3　累進寸法記入法

【E】 穴の深さの寸法表示において，キリ穴，リーマ穴，打抜き，イヌキ穴などの区別を示すには引出線と参照線または寸法線に，工具の呼び寸法または図示寸法を書き，その後に加工方法を簡略指示（キリ，リーマ，打ヌキ，イヌキ）する．この場合，寸法数値の前に直径の記号 ϕ は記入しない．**図4** ①～③に寸法表示の間違いを示す．④が正答である．

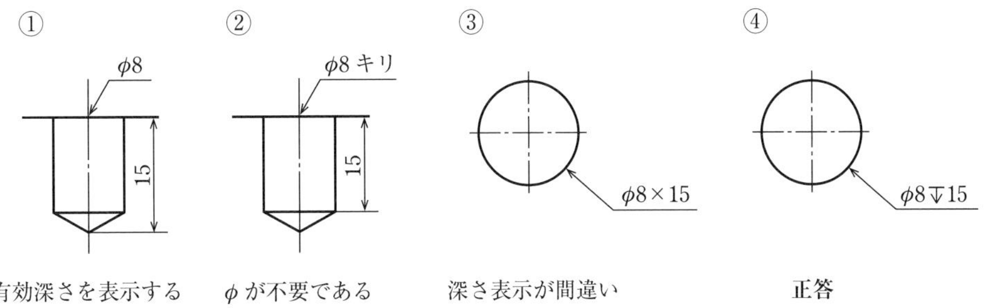

図4 穴とその深さの寸法表示

【F】 公差クラス（旧JIS公差域クラス）の記号のうち，許容差（旧JIS寸法許容差）の大きさが関係するのはサイズ公差等級の数値である．JISでは穴・軸の図示サイズ（旧JIS基準寸法）に対応して，それぞれ許容差の大小により等級をつけてサイズ公差が与えられる．このサイズ公差を基本サイズ公差といい，ITの記号の次に01（01級）から18（18級）まで20の基本サイズ公差等級が規定され，数値が小さいほど許容差は小さくなる．**表3**に，500 mm以下の図示サイズに適用するはめあいの基本サイズ公差の数値を抜粋した．図示サイズ50 mmの場合，表の「30を超え50以下」のところを見ると，各許容差は① 6級が16 μm，② 5級が11 μm，③ 8級が39 μm，④ 7級が25 μmとなる．②が正答である．

表3 図示サイズに対する基本サイズ公差の数値の例　（単位 μm＝0.001mm）

基本サイズ公差等級 / 図示サイズ（mm）	IT5（5級）	IT6（6級）	IT7（7級）	IT8（8級）	IT9（9級）	IT10（10級）
－　3以下	4	6	10	14	25	40
3を超え　6以下	5	8	12	18	30	48
6を超え　10以下	6	9	15	22	36	58
10を超え　18以下	8	11	18	27	43	70
18を超え　30以下	9	13	21	33	52	84
30を超え　50以下	11	16	25	39	62	100
50を超え　80以下	13	19	30	46	74	120
80を超え　120以下	15	22	35	54	87	140
120を超え　180以下	18	25	40	63	100	160
180を超え　250以下	20	29	46	72	115	185
250を超え　315以下	23	32	52	81	130	210
315を超え　400以下	25	36	57	89	140	230
400を超え　500以下	27	40	63	97	155	250

（JIS B 0401－1：2016による）

【G】 ねじの呼びは，ねじの種類を表す記号，直径または呼び径を表す数字，およびピッチを用いて表す．ねじの等級は，ねじの等級を表す数字と文字の組合わせによって表し，文字が大文字の場合めねじ，小文字の場合おねじを表す．

M 14 × 1.5 − 5 H：メートル細目ねじ，呼び径 14 mm，5 等級，めねじ．
ねじの種類 呼び径 ピッチ 等級

②が正答である．

【H】 歯車製図については，JIS B 0005 に規定され，略画法によって製図する．

① 歯車は，一般には軸に直角な方向から見た図を正面図とする． **正答**

② 歯車の歯先円の線は，正面図・側面図とも細い実線でかく．（太い）

③ 歯車の基準円の線は，正面図・側面図とも細い二点鎖線でかく．（一点）

④ 歯車の歯底円の線は，細い一点鎖線でかくが，側面図は省略してもよい．（実線）

【I】 幾何公差の特性で姿勢公差を探し出す問題である．（**表 4** 参照）

幾何公差の特性記号の下に特性の名称（公差の種類）を示す．

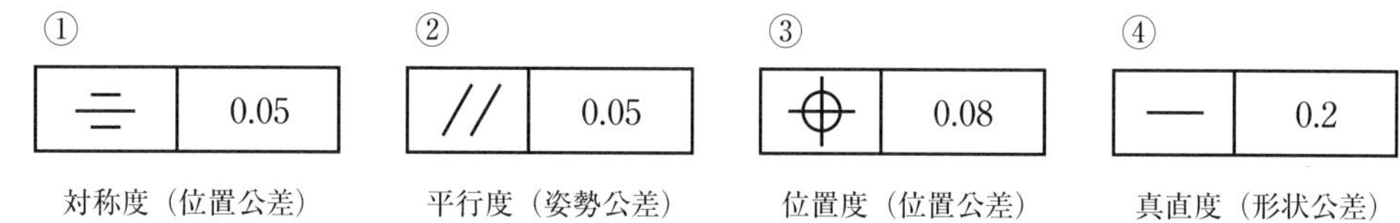

対称度（位置公差）　平行度（姿勢公差）　位置度（位置公差）　真直度（形状公差）

②が正答である．

表 4 幾何特性に用いる記号

公差の種類	特　性	記号	データム指示	公差の種類	特　性	記号	データム指示
形状公差	真直度	—	否	姿勢公差	線の輪郭度	⌒	要
	平面度	▱	否		面の輪郭度	⌓	要
	真円度	○	否	位置公差	位置度	⌖	要・否
	円筒度	⌭	否		同心度（中心点に対して） 同軸度（軸線に対して）	◎	要
	線の輪郭度	⌒	否		対称度	⌯	要
	面の輪郭度	⌓	否		線の輪郭度	⌒	要
姿勢公差	平行度	//	要		面の輪郭度	⌓	要
	直角度	⊥	要	振れ公差	円周振れ	↗	要
	傾斜度	∠	要		全振れ	⌰	要

（JIS B 0021：1998）

【J】 幾何公差の特性に関する問題である.(表4参照)

幾何公差の特性記号の下に特性の名称(公差の種類)を示す.

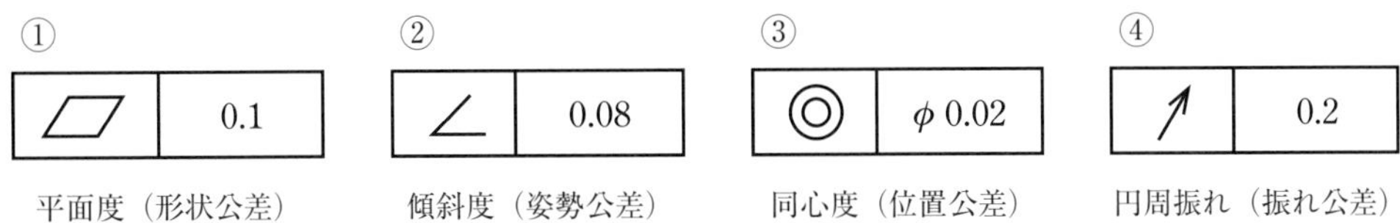

形状公差はデータム指示を必要としない.①が正答である.

【K】 表面性状の図示記号に要求事項を指示する場合,問題の**図5**①~④の各要求事項は次のとおりである.①は削り代,②は要求事項はなし,③は筋目とその方向,④は加工方法である.④が正答である.

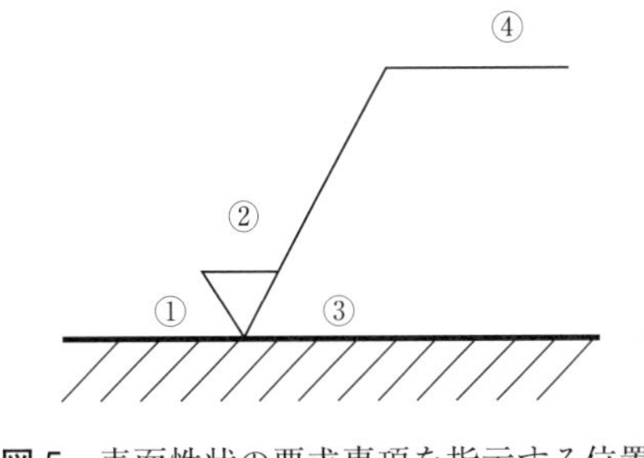

図5 表面性状の要求事項を指示する位置

2 解答

A	B	C	D
②	③	②	②

解説

【A】 部品の大部分が同じ表面性状で一部異なった表面性状を指示する場合,まず大部分が同じ表面性状の要求事項を示し,一部の異なった表面性状を( )内に示す.②が正答である(**図6**).

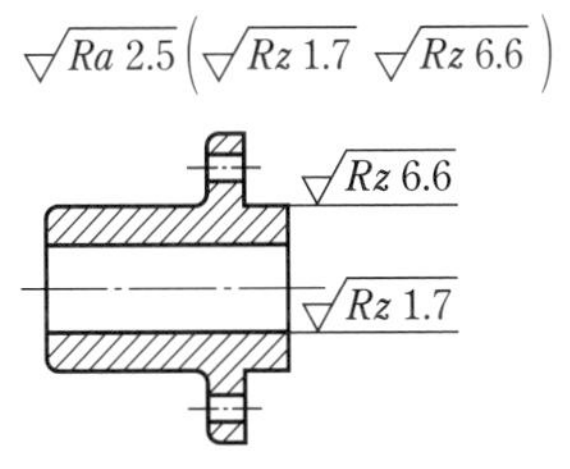

図6 表面性状の指示

【B】 ざぐりまたは深ざぐりの寸法を表す場合,9キリの後に,ざぐりの記号 ⌴ とざぐり径,穴深さの記号 ↧と穴深さの順に示す.③が正答である(**図7**).

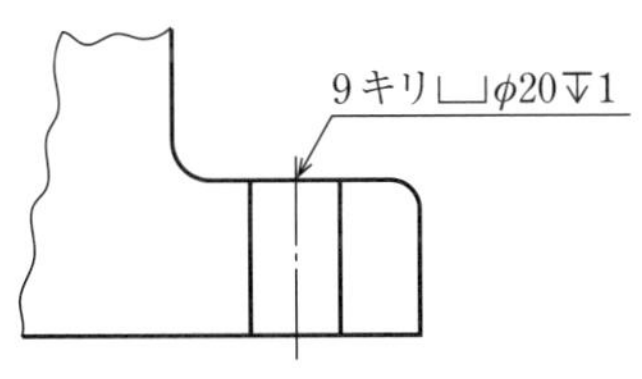

図7 ざぐり穴の指示

【C】寸法記入に関する問題である．**図8**①～③の下に解説する．

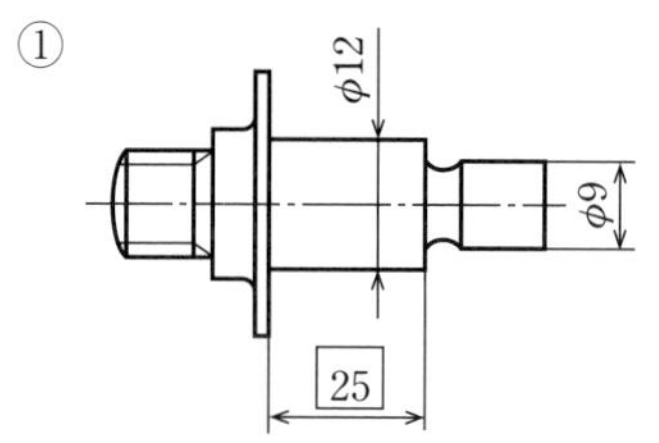

25 を非比例寸法 25 に訂正する

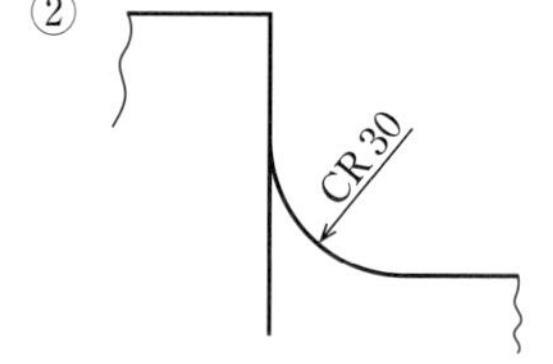

コントロール半径を示すもので正答

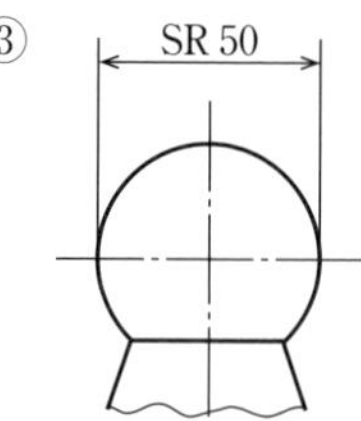

SR 50 を Sφ50 に訂正する

図8　寸法記入

【D】**図9**の実形図で断面図示する場合，切断線A-O-Aで切断する．断面図は，実形図の切断面を示す切断線を引き，その両端部に見た方向を矢印で示し，切断箇所Aの記号で示す．

②が正答である．

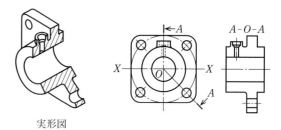

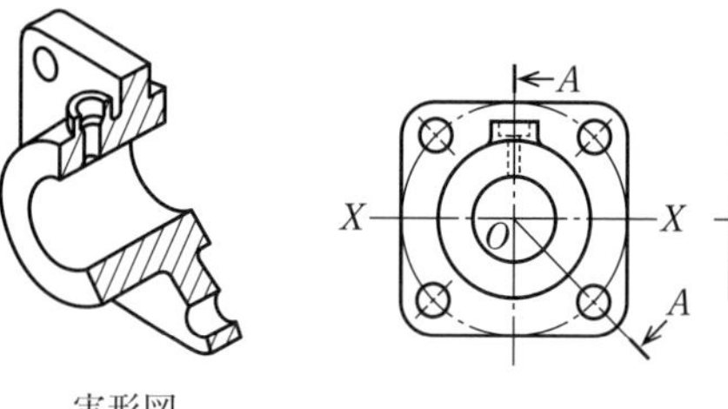

図9　相交わる2平面で切断した断面図

3 解答

A	B	C	D	E	F	G	H	I	J	K	L
⑤	①	⑥	③	②	③	⑤	②	⑧	⑦	⑥	⑨

解説

機械部品の材料を図面に表す場合に，JISに材料記号が規定されており，原則として次の3つの部分から構成されている．第1の部分は，材質を表す文字記号で表す（**表5**）．第2の部分は，規格名または製品名を表す文字記号で表す（**表6**）．第3の部分は，材料の種類を表すもので，材料の種類番号の数字，最低引張強さなどを表す（**表7**）．また，材料記号の末尾に硬軟・製造方法を示す記号をハイフンで付け加えることもある（**表8**）．

表5　材質を表す記号の例

記号	材　質	備　考	記号	材　質	備　考
A	アルミニウム	Aluminium	**F**	**鉄**	Ferrum
B	**青銅**	Bronze	HBs	高力黄銅	High Strength Brass
C	**銅**	Copper	PB	りん青銅	Phosphor Bronze
CA	銅合金	Copper Alloy	**S**	**鋼**	Steel

表6　規格名または製品名を表す記号の例

記号	規格名または製品名	備　考	記号	規格名または製品名	備　考
B	棒またはボイラ	BarまたはBoiler	**P**	**板**	Plate
C	**鋳造品**	Casting	**S**	**一般構造用圧延材**	Structural
CM	クロムモリブデン鋼	Chromium Molybdenum	**T**	**管**	Tube
Cr	クロム鋼	Chromium	UJ	軸受鋼	（ローマ字）
F	**鍛造品**	Forging	UP	ばね鋼	Spring
GP	ガス管	Gas Pipe	US	ステンレス鋼	Stainless
K	工具鋼	（ローマ字）	W	線	Wire
NC	ニッケルクロム鋼	Nickel Chromium	WP	ピアノ線	Piano Wire

※特例として第2の部分の記号がないものがある．（例）S 15 C

表7　材料の種類を表す記号の例

記　号	意　味
200	**引張強さ（MPa）**
15 C	炭素含有量
3 A	3 種 A
2 S	2 種特殊級

表8　材料記号の末尾に加える記号の例

記　号	意　味
−O	軟　質
−1/2H	半硬質
−H	硬　質
−D	引抜き

4　解答

A	B	C	D	E	F	G	H	I
④	⑤	③	②	①	⑥	⑧	⑩	⑬

解説

（1）　穴 ϕ 120 H7（+0.035/0）と軸 ϕ 120 h6（0/−0.022）の場合，

【A】穴の図示サイズ　④ ϕ **120.000** mm

【B】穴の上の許容サイズ　⑤ ϕ **120.035** mm

【C】軸の下の許容サイズ　③ ϕ **119.978** mm

【D】穴のサイズ公差　② ϕ 120.035 − ϕ 120.000 = **0.035** mm

【E】軸のサイズ公差　① ϕ 120.000 − ϕ 119.978 = **0.022** mm

（2）【F】ISOはめあい方式の種類は，穴と軸のいずれかを基準にして，もう片方でサイズを調整する．一般に穴と軸の加工を比較すると，軸の方が加工しやすく，加工工具も安価なので，サイズ調整しやすい．そのため⑥**穴基準はめあい方式**が採用されている．

【G】はめあいは，穴と軸における上と下の許容サイズを比較する．

穴の上の許容サイズ － 軸の下の許容サイズ ＝ 最大すきま

ϕ 120.035 － ϕ 119.978 ＝ 0.057 mm

穴の下の許容サイズ － 軸の上の許容サイズ ＝ 最小すきま

ϕ 120.000 － ϕ 120.000 ＝ 0 mm

穴と軸に常にすきまがあり，はめあいは⑧**すきまばめ**である．

（3）【H】表面性状パラメータ Rz は，⑩**最大高さ粗さ**である．

【I】粗さパラメータ値の単位は，⑬**μm** で示す 。

5 解答

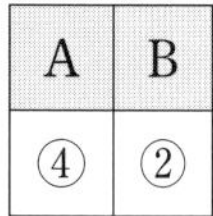

A	B
④	②

解説

溶接部の記号および表示方法は，JIS Z 3021 溶接記号で規定されている．溶接記号は，溶接部の形状を表す基本記号（**表 9**）と溶接部の表面形状や仕上方法を表す補助記号（**表 10**）で指示する．

溶接記号は，**図 10**（a）に示すように，基線，矢および尾で構成され，必要に応じて寸法を添え，尾を付けて補足的な指示をする．尾は必要なければ省略できる．基線は基本記号や寸法を書く水平線で，矢は溶接部を指示するもので，基線に対しなるべく60° の直線で描く．

レ形，J 形，レ形フレアなど非対称な溶接部において，開先をとる部材の面またはフレアのある部材の面を指示する必要のある場合は，**図 11** に示すように矢を折線とし，開先をとる面またはフレアのある面に矢の先端を向ける．

溶接記号の基本記号の記入方法は，図 11 に示すように溶接する側が矢の側または手前側のときは基線の下側に，矢の反対側または向こう側を溶接するときには基線の上側に密着して記入する．

表 9 基本記号

溶接の種類と記号				
	矢の反対側または向こう側	矢の側または手前側		両 側
I 形開先			I 形（両面）	
V 形開先			X 形開先	
レ形開先			K 形開先	
J 形開先			両面 J 形開先	
U 形開先			H 形開先	
V 形フレア溶接			X 形フレア溶接	
レ形フレア溶接			K 形フレア溶接	
へり溶接				
すみ肉溶接			連続（両面）	
プラグ溶接またはスロット溶接				
ビード溶接				
肉盛溶接				
キーホール溶接				
スポット溶接 プロジェクション溶接			の記号を用いてもよい	
シーム溶接			の記号を用いてもよい	
スカーフ継手				
スタッド溶接				

注）水平な細い点線は基線を示す　　（JIS Z 3021－2010による）

表 10 補助記号

区 分		補助記号	備 考
溶接部の表面形状	平ら仕上げ		
	凸形仕上げ		基線から外に向かって凸とする．
	へこみ仕上げ		基線の外に向かってへこみとする．
	止端仕上げ		
溶接部の仕上方法	チッピング	C	
	グラインダ	G	
	切 削	M	
	研 磨	P	
裏波溶接			裏当ての材料，取り外しなどを指示するときは，尾に記載する．
裏 当 て			
全周溶接			
現場溶接			

（JIS Z 3021－2010による）

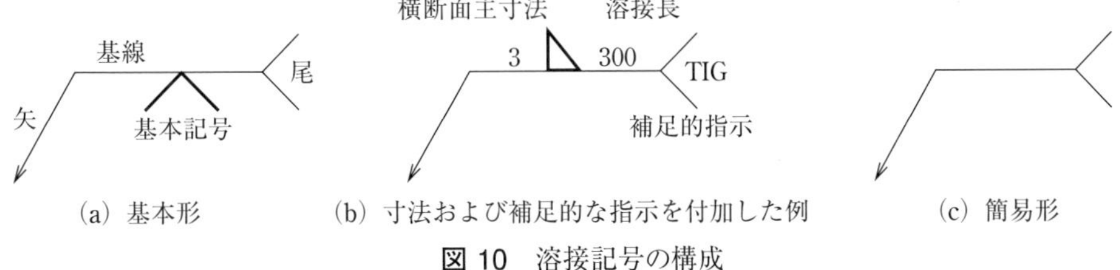

（a）基本形　（b）寸法および補足的な指示を付加した例　（c）簡易形

図 10 溶接記号の構成

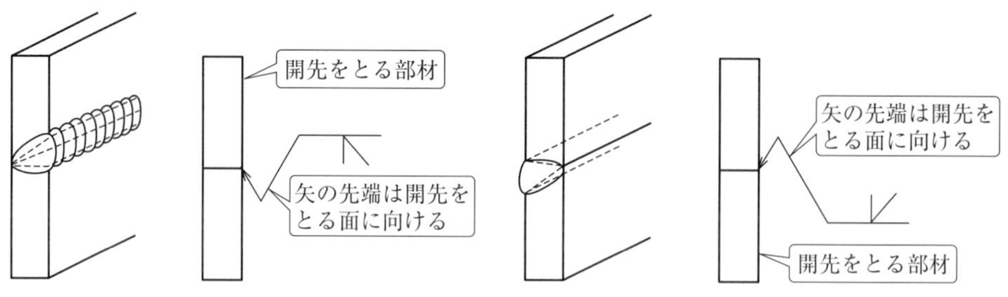

(a) 矢の側または手前側の溶接　　(b) 矢の反対側または向こう側の溶接

図 11　基本記号の指示方法

【A】は，K 形開先溶接の例である（**図 12**）．溶接部において開先をとる部材を指示する必要があるので矢を折線とし，開先をとる面に矢の先端を向ける．また，K 形開先溶接の基本記号は表 9 より ---K--- を記入する．④が正答である（**図 13**）．

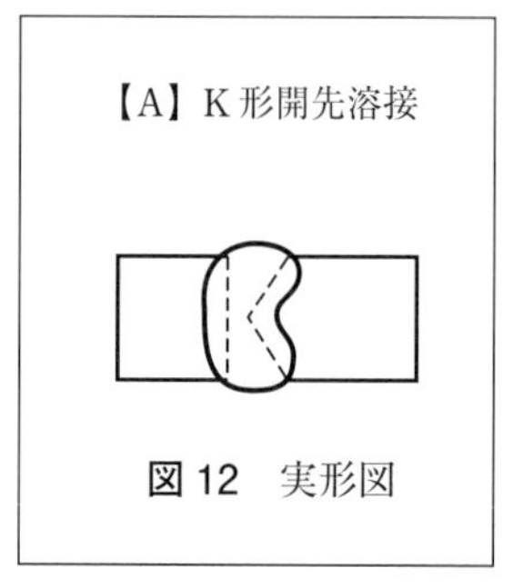

図 12　実形図

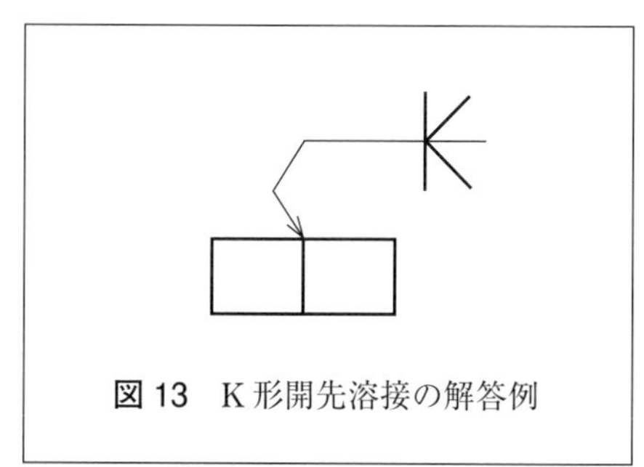

図 13　K 形開先溶接の解答例

【B】は，すみ肉溶接の例である（**図 14**）．溶接部に矢の先端を向け，溶接する側が矢の側または手前側であるので表 9 の基本記号 ◸ を基線の下側に密着して記入する．また，不等脚すみ肉溶接の場合は，小さい方の脚長を先に，大きい方の脚長を後に記載する．②が正答である（**図 15**）．

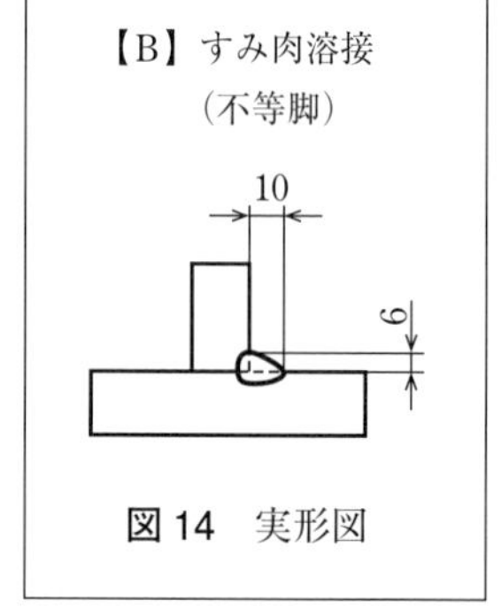

図 14　実形図

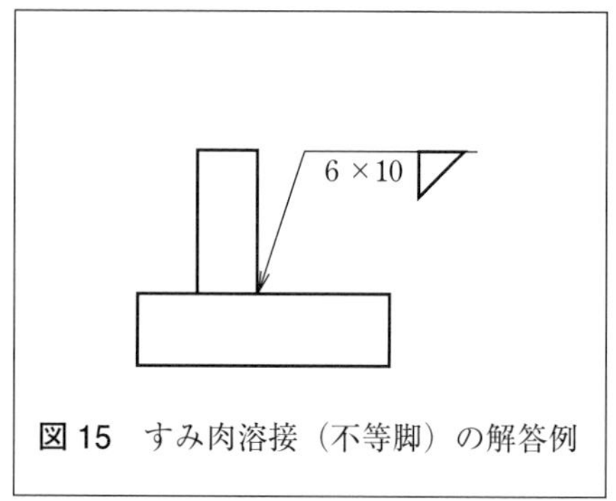

図 15　すみ肉溶接（不等脚）の解答例

6 解答

A	B
②	④

解説

【A】は，図 16 に表される正投影図から該当する立体図を図 17 の① ～ ④より選択する．

正面図に対応する立体図を考えると，②が正答である．

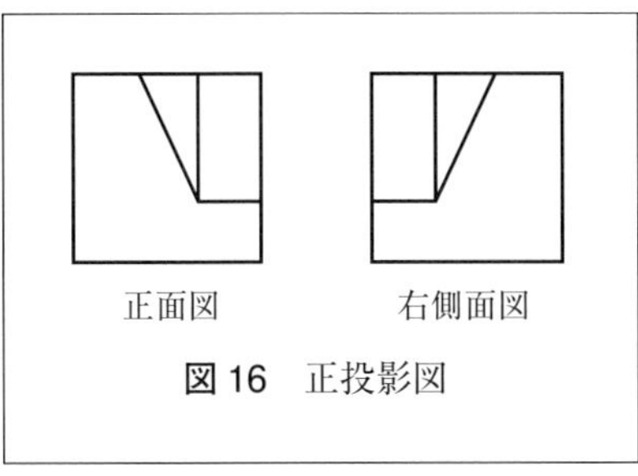

図 16 正投影図

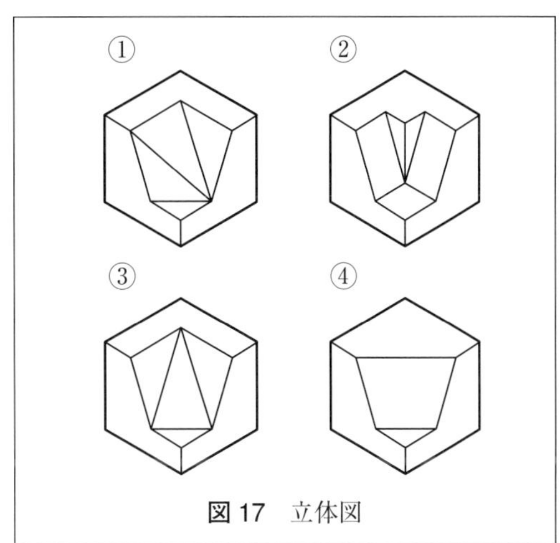

図 17 立体図

【B】は，図 18 に表される正投影図から該当する立体図を図 19 の①～④より選択する．

正面図に対応する立体図を考えると，①と④である．右側面図に対応する立体図を考えると④が該当する．④が正答である．

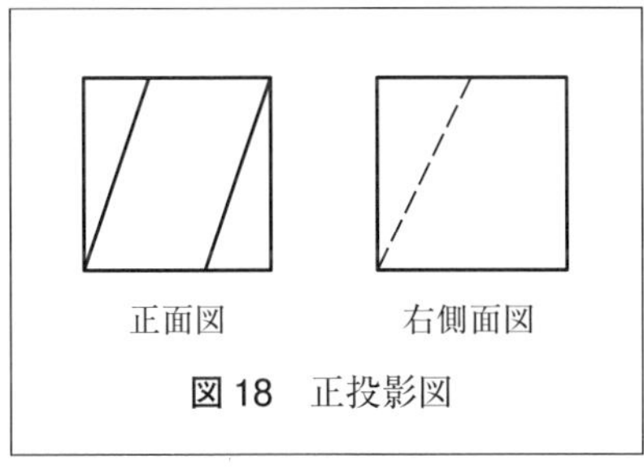

図 18 正投影図

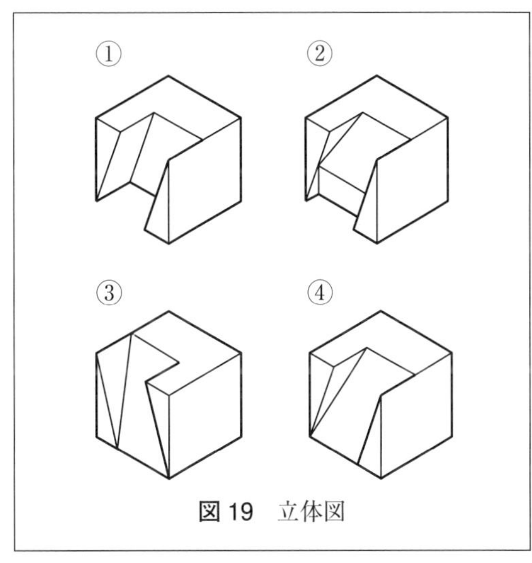

図 19 立体図

令和元年度　3級　試験問題Ⅱ　解答・解説

（2. 材料力学　3. 機械力学　5. 熱工学　6. 制御工学　7. 工業材料）

［2. 材料力学］

1　解答

A	B	C	D
③	④	③	①

解説

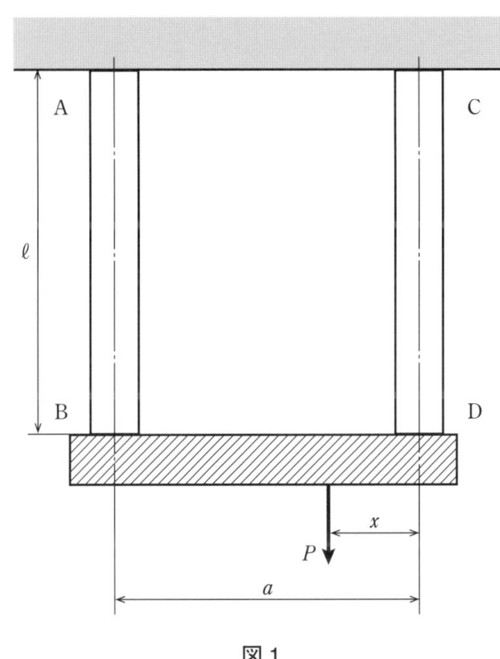

図1

（1）　部材ABに作用する張力をT_Aとし，部材CDに作用する張力をT_Sとする．

点BおよびDに関する力のモーメントのつり合い式は，

$P\ (a-x)=T_S\cdot a$　　　　$P\cdot x=T_A\cdot a$

$T_S=\dfrac{P\ (a-x)}{a}$　　　　$T_A=\dfrac{P\cdot x}{a}$

$T_S=\dfrac{40\times10^3\times(1.2-0.4)}{1.2}=26.666\times10^3=\underline{27\ \mathrm{kN}}$

（2） 部材 AB の伸び λ_A は，部材の横断面積を A とすると次式で求めることができる．

$$\lambda_A = \frac{T_A \cdot \ell}{AE_A} = \frac{P \cdot x \cdot \ell}{AE_A a} = \frac{40 \times 10^3 \times 0.4 \times 1.5}{500 \times 10^{-6} \times 69 \times 10^9 \times 1.2} = 0.000579 = \underline{0.58\ \mathrm{mm}}$$

（3） 部材 CD の伸び λ_S は，

$$\lambda_S = \frac{T_S \cdot \ell}{AE_S} = \frac{P(a-x) \cdot \ell}{AE_S a} = \frac{40 \times 10^3 \times (1.2 - 0.4) \times 1.5}{500 \times 10^{-6} \times 206 \times 10^9 \times 1.2} = 0.000388 = \underline{0.39\ \mathrm{mm}}$$

（4） 前問（2）と（3）で求めた λ_A と λ_S が等しくなるような x を求める．

$$\lambda_A = \frac{P \cdot x \cdot \ell}{AE_A a} = \lambda_S = \frac{P(a-x) \cdot \ell}{AE_S a}$$ これを変形して整理すると，

$x \cdot E_s = (a-x) \cdot E_A$　よって，$x \cdot E_s + x \cdot E_A = a \cdot E_A$

$$x = \frac{a \cdot E_A}{E_S + E_A} = \frac{1.2 \times 69 \times 10^9}{206 \times 10^9 + 69 \times 10^9} = 0.30109 = 0.30\ \mathrm{m} = \underline{30\ \mathrm{cm}}$$

2 解答

A	B	C
③	⑥	②

解説

（1）つる巻角 α は微小としているから，$\cos\alpha = 1$ と近似する．よって，ばね素線に作用するねじりモーメント T は，

$$T = PR = 3.0 \times 10^3 \times 0.1 = \underline{300\ \mathrm{N \cdot m}}$$

（2）ねじりモーメント T を極断面係数 Z_P で除すことにより，ばねに発生する最大せん断応力 τ_{max} が求められる．

$$Z_P = \frac{\pi d^3}{16} = \frac{\pi \times (20 \times 10^{-3})^3}{16} = 157 \times 10^{-8}\mathrm{m}^3$$

$$\tau_{max} = \frac{T}{Z_P} = \frac{300}{157 \times 10^{-8}} = 1.91 \times 10^8 = 191 \times 10^6 = \underline{191\ \mathrm{MPa}}$$

（3） ばねの伸び δ は，垂直変位 $\mathrm{d}\delta$ をばねの全有効長 $\ell = 2\pi nR$ にわたって積分すれば得ることができる．

$$\delta = \int_0^{\ell} d\delta = \frac{TR \cdot 2\pi nR}{GI_P}, \quad I_P = \frac{\pi d^4}{32} \text{ だから,}$$

$$\delta = \frac{64n\,PR^3}{G\,d^4} = \frac{64 \times 6 \times 3 \times 10^3 \times (0.1)^3}{83 \times 10^9 \times (20 \times 10^{-3})^4} = 0.0867 = 87 \times 10^{-3}\text{m} = \underline{87\text{ mm}}$$

3 解答

A	B	C	D	E
⑤	④	⑥	④	⑤

解説

（1）支点 B に関する力のモーメントのつり合いから,

$$R_A\ell = W_1(b + c) + W_2c$$

$$R_A = \frac{W_1(b + c) + W_2c}{\ell} = \frac{15 \times 10^3 \times (0.5 + 0.7) + 8 \times 10^3 \times 0.7}{2} = 11.8 \times 10^3 = \underline{12\text{ kN}}$$

（2）支点 A に関する力のモーメントのつり合いから,

$$R_B\ell = W_1a + W_2(a + b)$$

$$R_B = \frac{W_1a + W_2(a + b)}{\ell} = \frac{15 \times 10^3 \times 0.8 + 8 \times 10^3 \times (0.8 + 0.5)}{2} = 11.2 \times 10^3 = \underline{11\text{ kN}}$$

（3）はりに作用する最大曲げモーメント M_{max} は,

$$M_{max} = R_A \cdot a = 11.8 \times 10^3 \times 0.8 = 9.44 \times 10^3 = \underline{9.4\text{ kN}\cdot\text{m}}$$

（4）

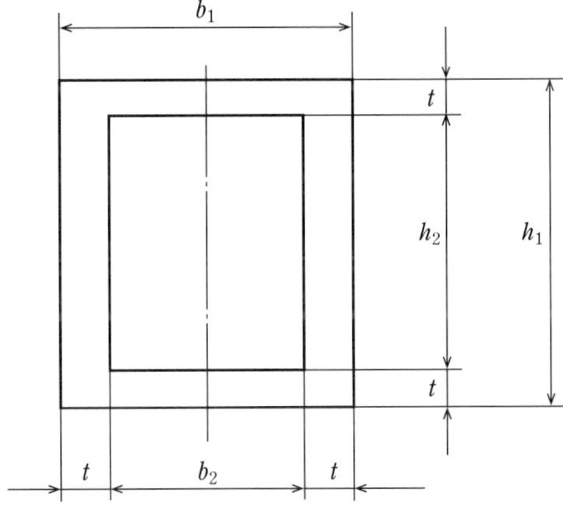

図 4

令和元年度 問題Ⅱ 解答・解説

はりの断面二次モーメント I は,

$$I = \frac{b_1 h_1^3 - b_2 h_2^3}{12} = \frac{80 \times 10^{-3} \times (120 \times 10^{-3})^3 - 60 \times 10^{-3} \times (100 \times 10^{-3})^3}{12}$$

$$= \underline{6.52 \times 10^{-6}\,\mathrm{m}^4}$$

（5）このはりの断面係数 Z は, $Z = \dfrac{2I}{h_1}$ だから,

$$Z = \frac{2 \times 6.52 \times 10^{-6}}{120 \times 10^{-3}} = 1.0866 \times 10^{-4}\,\mathrm{m}^3$$

はりに生ずる最大曲げ応力 σ_{max} は,

$$\sigma_{\mathrm{max}} = \frac{M_{\mathrm{max}}}{Z} = \frac{9.44 \times 10^3}{1.0866 \times 10^{-4}} = 8.687 \times 10^7 = \underline{87\ \mathrm{MPa}}$$

[3. 機械力学]

1 解答

A	B	C	D	E
④	③	④	⑤	③

解説

（1）

△ O_1O_2E は直角三角形であることから

$$\sin\theta = \frac{O_2E}{O_1O_2} = \frac{120}{(120 + 80)} = \frac{120}{200} = 0.6$$

$$\theta = \sin^{-1}(0.6) \fallingdotseq \underline{36.9°}$$

（2），（3）

円柱Ⅰの水平方向の力のつり合いより

$$R_B \sin\theta - R_A = 0 \cdots\cdots\cdots\cdots (1)$$

垂直方向の力のつり合いより

$$R_B \cos\theta - 10g = 0 \cdots\cdots\cdots (2)$$

$$R_B \cos(36.9°) = 10g$$

$$\therefore R_B \fallingdotseq \underline{12.5g}$$

これを式（1）に代入して

$$R_A = R_B \sin\theta = 12.5g \times 0.6 = \underline{7.5g}$$

（4），（5）

円柱Ⅱの水平方向の力のつり合いより

$$R_D - R_B \sin\theta = 0 \cdots\cdots\cdots\cdots\cdots\cdots (3)$$

垂直方向の力のつり合いより

$$R_C - R_B \cos\theta - 50g = 0 \cdots\cdots\cdots (4)$$

式（3）より

$$R_D = R_B \sin\theta = 12.5g \times 0.6 = \underline{7.5g}$$

式（4）より

$$R_C = R_B \cos\theta + 50g = 12.5g \times 0.8 + 50g = \underline{60.0g}$$

2 解答

A	B	C	D
③	④	③	①

解説

（1） 遠心力 $F = mR\omega^2 = \dfrac{mv^2}{R}$ であるから

$$F = \frac{8\,000 \times v^2}{40} = \underline{200\,v^2}\ [\mathrm{N}]$$

（2）遠心力 F による A 点に関するモーメント M_F は

$$M_\mathrm{F} = F \times H = 200\,v^2 \times 2.4 = \underline{480\,v^2}\ [\mathrm{N \cdot m}]$$

（3）重力 P による A 点に関するモーメント M_P は

$$M_\mathrm{P} = P \times \frac{B}{2} = (8\,000 \times 9.8) \times \frac{1.8}{2} = \underline{70\,560}\ [\mathrm{N \cdot m}]$$

（4）$M_\mathrm{F} > M_\mathrm{P}$ の時に横転することから，$M_\mathrm{F} = M_\mathrm{P}$ として v を求める．

$480\,v^2 = 70\,560$

$\therefore\ v \fallingdotseq \underline{12.1}\ [\mathrm{m/sec}]$

時速にすれば 12.1 × 3 600 ＝ 43.6［km/h］ということになる．この速度以下であれば横転しないことになる．

3 解答

A	B	C	D
④	②	③	②

解説

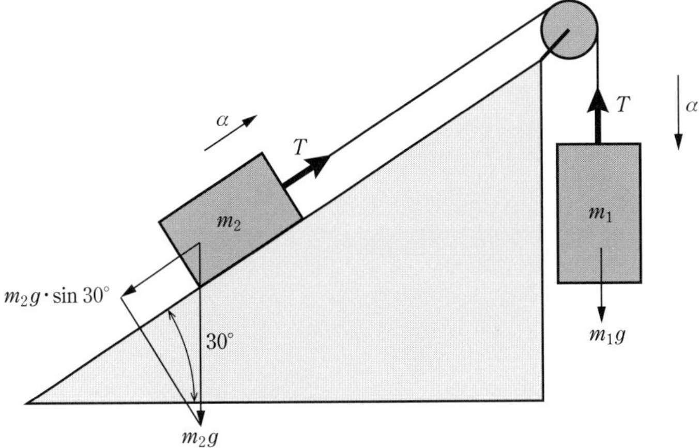

（1）m_1 の運動方程式は

$$m_1\alpha = m_1g - T \cdots\cdots\cdots (1)$$

（2）m_2 の運動方程式は

$$m_2\alpha = T - m_2g\cdot\sin30° = T - \frac{1}{2}m_2g \cdots\cdots\cdots (2)$$

（3）上記式（1）と（2）より α を求める．

式（2）より　$T = m_2\alpha + \frac{1}{2}m_2g \cdots\cdots\cdots (3)$

式（3）を式（1）に代入する．

$$m_1\alpha = m_1g - \left(m_2\alpha + \frac{1}{2}m_2g\right)$$

$$(m_1 + m_2)\alpha = \left(m_1 - \frac{1}{2}m_2\right)g = \frac{1}{2}(2m_1 - m_2)g$$

$$\therefore\ \alpha = \frac{(2m_1 - m_2)g}{2(m_1 + m_2)}$$

（4）式（1）より

$$T = m_1 g - m_1 \alpha$$

$$= m_1 (g - \alpha)$$

$$= m_1 \left\{ 1 - \frac{(2m_1 - m_2)}{2(m_1 + m_2)} \right\} g$$

$$= \frac{3 m_1 m_2 g}{2(m_1 + m_2)}$$

[5. 熱 工 学]

1

（1）**解答**

A	B	C	D	E	F	G	H	I	J
⑱	⑮	⑬	⑦	⑥	⑫	⑪	⑪	⑫	⑩

解説

図において，状態②からのサイクルを考えると分かり易い．カルノーサイクルにおいて，②から③までは温度 T_1 の等温膨張過程であり，Q_1 の熱量を受熱する．③から④は断熱膨張過程であり，④では温度 T_2 に降下し，④から①は温度 T_2 の等温圧縮過程であり，Q_2 の熱量を放出する．一般に Q_1 を受熱し，Q_2 を放出するサイクルを考えると，1サイクル当たりの仕事を L とすると，熱力学第1法則より，$L = Q_1 - Q_2$ が成り立つ．また，熱機関ではサイクル当たりの熱効率を η とすると，$\eta = \dfrac{L}{Q_1}$ で定義され，受熱と放熱の熱量で表せば

$$\eta = \frac{(Q_1 - Q_2)}{Q_1} = 1 - \frac{Q_2}{Q_1} \cdots\cdots\cdots (1)$$

で求められる．カルノーサイクルでは $\left(\dfrac{Q_2}{Q_1}\right) = \left(\dfrac{T_2}{T_1}\right)$ が成り立ち，これを（1）式に代入するとカルノーサイクルの熱効率は

$$\eta = 1 - \left(\frac{T_2}{T_1}\right) \cdots\cdots\cdots\cdots\cdots\cdots\cdots\cdots (2)$$

で求められる．カルノーサイクルのような可逆過程ではエントロピを S とすると $\mathrm{d}S = \dfrac{\mathrm{d}Q}{T}$ で定義され，また，$\mathrm{d}Q = T\mathrm{d}S$ も得られる．カルノーサイクルのような等温過程ではエントロピ変化は，T = 一定で簡単に積分でき，T_1 におけるエントロピ変化 $\varDelta S = \dfrac{Q_1}{T_1}$，$T_2$ におけるエントロピ変化 $\varDelta S = \dfrac{Q_2}{T_2}$ で求められる．図に示されたようにカルノーサイクルでは，等温過程のエントロピ変化の絶対値は等しくなる．ただし，図から Q_2 は放熱を正として与えられ，放熱でのエントロピ変化は $-\varDelta S$ であることに注意する必要がある．等温変化での熱量はその間の仕事と同じであり，

$$W_1 = Q_1 = P_2V_2 \ln\left(\frac{V_3}{V_2}\right) = mRT_1 \ln\left(\frac{V_3}{V_2}\right) \cdots\cdots\cdots\cdots (3)$$

$$W_2 = Q_2 = P_1V_1 \ln\left(\frac{V_4}{V_1}\right) = mRT_2 \ln\left(\frac{V_4}{V_1}\right) \cdots\cdots\cdots\cdots (4)$$

さらに，等温過程ではボイルの法則すなわち PV = 一定が成り立ち，$P_2V_2 = P_3V_3$ より，$\left(\dfrac{V_3}{V_2}\right) = \left(\dfrac{P_2}{P_3}\right)$ および，$P_4V_4 = P_1V_1$ より $\left(\dfrac{V_4}{V_1}\right) = \left(\dfrac{P_1}{P_4}\right)$ が成り立つ．したがって，

$$\varDelta S = \frac{Q_1}{T_1} = mR\ \ln\left(\frac{V_3}{V_2}\right) = \underline{mR\ \ln\left(\frac{P_2}{P_3}\right)} \cdots\cdots\cdots (5)$$

$$\varDelta S = \frac{Q_2}{T_2} = mR\ \ln\left(\frac{V_4}{V_1}\right) = mR\ \ln\left(\frac{P_1}{P_4}\right) \cdots\cdots\cdots (6)$$

または，(3) 式および (4) 式からもエントロピ変化を求めることができる．

（2）**解答**

K	L	M	N	O
②	④	④	①	②

解説

次に，題意から $P_2 = 1 \times 10^6$ [N/m^2]，$T_1 = 300$ [K]，$V_2 = 0.01$ [m^3]，$P_3 = 0.1 \times 10^6$ [N/m^2] が与えられている．等温過程での PVT 関係は T = 一定からボイルの法則 PV = 一定が成り立ち，

$$P_2V_2 = P_3V_3 \text{ より，} V_3 = \frac{P_2}{P_3} \times V_2 \text{ から}$$

$$V_3 = \frac{1}{0.1} \times 0.01 = \underline{0.1\ [\mathrm{m^3}]}$$

が得られる．

状態②から③への等温過程の仕事 W_1 は受熱量 Q_1 に等しく，(3) 式から

$$W_1 = Q_1 = P_2V_2\ \ln\left(\frac{V_3}{V_2}\right) = 1 \times 10^6 \times 0.01 \times \ln\left(\frac{0.1}{0.01}\right)$$

$$= 0.023 \times 10^6\ [\mathrm{J}] = \underline{23\ [\mathrm{kJ}]}$$

このときの②から③へのエントロピ変化 $\varDelta S$ は，

$$\varDelta S = \frac{Q_1}{T_1} = \frac{23\,[\mathrm{kJ}]}{300\,[\mathrm{K}]} = \underline{0.077\ [\mathrm{kJ/K}]}$$

さらに，この気体の気体定数 $R = 0.3$ [kJ/(kg･K)] が与えられているとき，理想気体では式 $P_2V_2 = mRT_1$ が成り立ち，この式から

$$m = \frac{P_2V_2}{RT_1} = \frac{1 \times 10^6 \times 0.01}{0.3 \times 300 \times 1\,000} = \underline{0.11\ [\mathrm{kg}]}$$

が得られる．上式で R は kJ で与えられ，P_2V_2 からは J となり，1 kJ = 1 000 J に注意が必要である．

2 解答

A	B	C	D	E
⑧	⑥	①	⑨	⑤

解説

(3) 式より

$$q = \frac{T_2 - T_a}{\dfrac{\delta_2}{\lambda_2} + \dfrac{1}{h}}$$ に，

$T_2 = 973$ [K]，$T_a = 273$ [K]，$\delta_2 = 0.1$ [m]，$\lambda_2 = 0.2$ [W/(m·K)]，$h = 7.0$ [W/(m^2·K)]

を代入すると

$$q = \frac{973 - 273}{\dfrac{0.1}{0.2} + \dfrac{1}{7}} = 1\,089 \text{ [W/m}^2\text{]}$$

が得られ，この値を (1) 式 $q = \left(\dfrac{\lambda_1}{\delta_1}\right) \cdot (T_1 - T_2)$ に代入し，さらに，

$\lambda_1 = 0.8$ [W/(m·K)]，$T_1 = 1\,273$ [K]，$T_2 = 973$ [K] を代入することによって，

$$1\,089 = \left(\frac{0.8}{\delta_1}\right) \times (1\,273 - 973) \text{ より，} \delta_1 = \left(\frac{240}{1\,089}\right) = 0.22 \text{ [m]}$$

が得られ，22 [cm] 以上の耐火煉瓦の厚さが必要となる．

令和元年度 問題Ⅱ 解答・解説

[6. 制御工学]

1 解答

A	B	C	D	E	F	G	H
①	②	①	③	④	④	③	⑤

解説

・制御系で望まれる第一条件は「安定」であり，素早く定常状態に収束し，定常偏差が「0」もしくは極力小さいことが要求される．

・定常偏差 e_m とは，「目標値」と「最終値」の差をいう．

・時間応答に対する制御特性の評価には，以下の指標が用いられる．

[オーバーシュート（行き過ぎ量）O_s]：定常値を超えた後の最大値と最終値の差

[行き過ぎ時間 t_p]：応答が行き過ぎ量に達するまでの時間

[遅れ時間 t_d]：最終値の 50%に達するまでの時間

[立ち上がり時間 t_r]：応答が最終値の 10%から 90%に達するまでの時間

[整定時間 t_s]：応答が最終値の ± 5%（または ± 2%以内）の値に減衰するまでの時間

[むだ時間 L]：入力信号を与えてから，応答が出力されるまでの時間

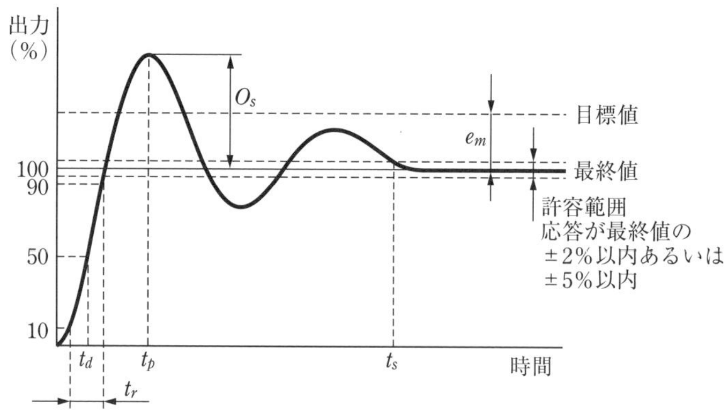

2 次遅れ要素の系

・安定性に関わる評価は，行き過ぎ量や整定時間など，速応性は，行き過ぎ時間，立ち上がり時間，遅れ時間などの値で行うことができる．

・電界や磁界の変化から物体の有無や位置を無接触で検出し，接点を開閉する機器を近接スイッチという．

・電磁コイルに電圧が加わると瞬時に接点を閉じまたは開き，電圧を切ると一定時間経過後

に接点が開くまたは閉じるものを「オフディレータイマー」という.

・電磁コイルに電圧が加わると一定時間経過後接点が閉じまたは開き，電圧を切ると瞬時に接点が開きまたは閉じるものを「オンディレータイマー」という.

・P動作（比例動作）は，現在値と目標値の偏差を小さくするため，偏差に比例した操作量を出力する制御動作である.

・P動作（Proportional control action）のみの制御では，オフセット（残留偏差）が残るという欠点を持つ.

・I 動作（積分動作）は，P動作に付加し，P動作で生ずるオフセットを解消する目的で用いる動作である.

・ハンチングとは，オーバーシュートとアンダーシュートを繰り返し，制御量が一定にならず，安定状態にならない現象をいう.

・ボード線図は，周波数特性を図示化したものであり，特性解析およびシステムの設計を行うことができる.

・ボード線図のゲイン曲線および位相曲線より，ゲイン余裕と位相余裕を得ることで「安定判別」を行うことができる.

2

（1）**解答**

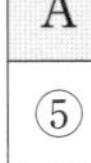

A
⑤

解説

右向きを「正」とする.

この系の運動方程式は $m\dfrac{d^2x(t)}{dt^2} = -cv(t) + f(t)$ であり，$\dfrac{d^2x(t)}{dt^2} = \dfrac{dv(t)}{dt}$ の関係より，

$$m\frac{dv(t)}{dt} = -cv(t) + f(t)$$

初期値を $x(0) = 0$，$v(0) = 0$ とおいて両辺をラプラス変換すると，

$msV(s) = -cV(s) + F(s)$ より，

伝達関数 $G(s)$ は，

$$G(s) = \frac{V(s)}{F(s)} = \underline{\frac{1}{ms + c}}$$

（2）**解答**

B
③

解説

設問（1）で求めた伝達関数 $G(s)$ の分母・分子をダンパの粘性摩擦係数 c で割ると，

$$G(s) = \frac{1}{ms + c} = \frac{\frac{1}{c}}{\frac{m}{c}s + 1}$$ である．

一方，1次遅れ系の伝達関数 $G(s)$ の標準形は，$G(s) = \dfrac{K}{Ts + 1}$ である．

したがって，両式の係数同士を比較すれば，$\underline{T = \dfrac{m}{c}}$ となる．

（3）**解答**

C
④

解説

1次遅れ系に単位ステップ入力を印加したときの応答を「単位ステップ応答」と呼ぶ．伝達関数 $G(s)$ の出力，すなわち速度 $V(s)$ を部分分数で表すと，

$$V(s) = G(s)F(s) = \frac{K}{Ts + 1} \cdot \frac{1}{s} = \frac{K}{s} - \frac{TK}{Ts + 1}$$

この式を逆ラプラス変換すれば，

$$v(t) = K\left\{\mathcal{L}^{-1}\left[\frac{1}{s}\right] - \mathcal{L}^{-1}\left[\frac{1}{s + \frac{1}{T}}\right]\right\} = K\left(1 - e^{-\frac{t}{T}}\right)$$

となるので，定常速度 $v(\infty) = \lim_{t \to \infty} K\left(1 - e^{-\frac{t}{T}}\right) = K$

また，最終値の定理を用いて定常速度 $v(\infty)$ を求めれば，

$$v(\infty) = \lim_{s \to 0} s \cdot \frac{K}{Ts + 1} \cdot \frac{1}{s} = K$$

設問（2）における2つの伝達関数の係数同士の比較により，$\underline{K = \dfrac{1}{c}}$

（4）**解答**

解説

1次遅れ系において定常値の63.2%に達する時間とは「時定数」のことであるから，

$$T = \frac{m}{c} \text{ より，} c = \frac{m}{T} = \frac{3}{2.5} = \underline{1.2}$$

[7. 工業材料]

1 解答

A	B	C	D	E
④	②	⑤	③	②

解説

3枚の画像は，炭素量の異なる機械構造用鋼の完全焼なまし組織であるので，下図に示す鉄-炭素系平衡状態図における炭素量が0.6%以下の炭素鋼の顕微鏡組織である．

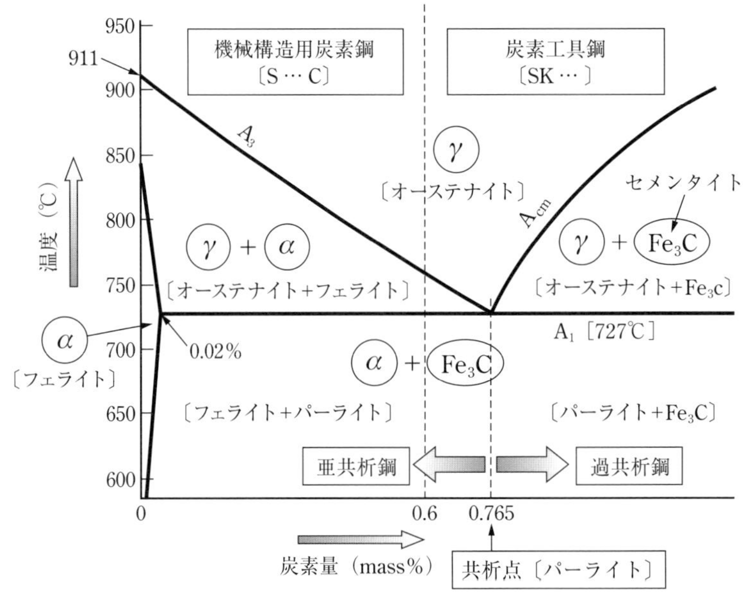

図　鉄-炭素系平衡状態図

写真の顕微鏡組織はフェライト（白い箇所）とパーライト（黒い箇所）の混合組織であり，炭素量が多いほどパーライト（黒い箇所）の占める割合も多くなり，炭素量が約0.8%の炭素鋼の組織は100%パーライトである．したがって，3枚の画像のうち，写真①が最も炭素量が少なくて0.2%以下，写真③が最も多くて0.6%以上の炭素を含有しており，写真②の炭素量は語句群のうちの④ 0.48%である．なお，パーライトとは鉄と炭素の共析組織で，α鉄（α相）とセメンタイト（Fe_3C）で構成されている．

以下に，設問（2）および設問（3）の選択肢にある組織，設問（5）の相について概略を説明する．

・オーステナイト：炭素等を固溶した面心立方構造の γ 固溶体.
・フェライト：炭素等を固溶した体心立方構造の α 固溶体（または δ 固溶体).
・ソルバイト：マルテンサイトの高温焼戻組織（調質組織).
・マルテンサイト：オーステナイト領域から急冷した際，Ms 点以下で生じた組織.
・パーライト：オーステナイトから共析変態したフェライトとセメンタイトの層状組織.
・γ 鉄：A_3 変態点の 911 ℃から A_4 変態点の 1 392 ℃までの範囲での純鉄の安定組織.
・α 鉄：A_3 変態点の 911 ℃より低い温度での純鉄の安定組織.
・δ 鉄：A_4 変態点の 1 392 ℃から融点までの範囲での安定組織.
・セメンタイト：鉄と炭素の化合物（炭化物）で，化学式は Fe_3C で表される.

2 解答

A	B	C	D	E	F	G	H	I	J
⑪	⑫	①	②	⑨	⑭	⑥	③	⑤	④

解説

その他の金属について説明する.

⑦ マグネシウム（Mg）

密度が 1.74 で，実用金属の中では最も軽いのが特徴である．最近ではノートパソコンや携帯電話のボディにも使用されるようになるなど，その需要は増加している.

⑧ 金（Au）

有色金属の一つで，非常に軟らかくて延性に富んでおり，装飾品によく使用されている．電気伝導度や耐食性が非常に優れているので，工業用としては，この金属のめっき品は，電子部品のコネクタなどによく使用されている.

⑩ 鉛（Pb）

鉄や銅よりも重く，非常に軟らかいのが特徴である．スズとの合金は，はんだと呼ばれて金属同士の接合によく使われていたが，最近は RoHS 指令によって使用が制限されている.

⑬ コバルト（Co）

銀白色で，強磁性体であり，鉄よりも酸やアルカリに侵され難く，工業的には合金材料としての用途が多い．5 ～ 10％添加した高速度工具鋼は難削材加工用に利用されている．また，ダイヤモンドホイールや超硬合金の結合剤としても多量に使用されている.

平成30年度

機械設計技術者試験
３級　試験問題Ⅰ

第１時限（120分）

1．機構学・機械要素設計

4．流体工学

8．工作法

9．機械製図

平成30年11月18日実施

〔1. 機構学・機械要素設計〕

1 次表は、機械の部品や部材などに用いられるねじを、ねじ山の形状によって分類したものである。各項目の特徴に最も関連の深い語句を〔語句群〕から選び、その番号を解答用紙の解答欄【A】～【F】にマークせよ。

項　目	特　徴	ねじ山の形状によるねじの分類
(Ⅰ)	JIS に規格化されていないが、ねじ山の角度が 90°で摩擦が小さく、軸方向の大きな力を伝えることができる。工作はやや困難であるが、駆動のねじとしてプレス用、送りねじに用いられる。	【A】
(Ⅱ)	JIS では「ねじ軸とナットが鋼球を介して作動する機械部品」と規定される。回転運動を直線運動に、直線運動を回転運動に変換することが可能であり、JIS では具体的な用法まで規定して定義されている。	【B】
(Ⅲ)	ねじ山の角度が 60°と大きいので、摩擦抵抗が大きく緩みにくく、主として締結用に用いられる。これには、寸法をすべて mm 単位で表すメートルねじとインチで表すユニファイねじがある。なお、管の端部におねじを切って管と管を接合する管用ねじのねじ山角度は 55″である。	【C】
(Ⅳ)	薄い金属板で製作でき、また、壊れやすいプラスチック、ガラス、陶器などで製作できる。電球の口金（くちがね）や、激しい衝撃を受ける部分、砂やゴミが間に入る恐れのある移動用ねじなどに適する。	【D】
(Ⅴ)	ねじ山の角度が 30°と 29°であるが、29°は 1996 年に JIS から廃止された。本表項目（Ⅲ）のねじより摩擦・摩耗が小さく、本表項目（Ⅰ）のねじに比べて高精度で強さも優れ、工作が容易である。ただし、このねじは自然にねじの戻りがあるので締め付け用ねじには適さない。	【E】
(Ⅵ)	本表項目（Ⅰ）と（Ⅲ）のねじの特徴を併せもち、軸方向力が一方向のみに作用する万力やジャッキなどに用いられる。	【F】

〔語句群〕

① のこ歯ねじ　② 角ねじ　③ 丸ねじ　④ 三角ねじ
⑤ 六角ねじ　⑥ 台形ねじ　⑦ テーパねじ　⑧ ボールねじ

2 図のように互いに交わる 2 軸間に動力を伝える円すい摩擦車について、次の設問（1）～（4）に答えよ。ただし、原車の回転速度 N_A = 350 min^{-1}、従車の回転速度 N_B = 250 min^{-1}、接触面の中央の点 P から原車の軸へ引いた垂線の長さを r_A = 125 mm、外接する円すい車の原車および従車の頂角の半分をそれぞれ α，β、2 軸の交角を θ とする。

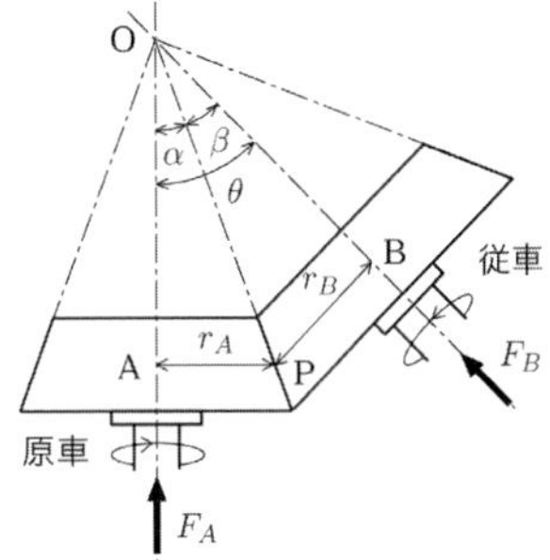

（1）点 P から従車の軸へ引いた垂線の長さ r_B [mm] を計算し、最も近い値を下記の〔数値群〕の中から選び、その番号を解答用紙の解答欄【 A 】にマークせよ。

〔数値群〕単位：mm

① 90	② 115	③ 130	④ 150
⑤ 175	⑥ 190	⑦ 215	⑧ 240

（2）2 軸の交角 θ = 30° であるとき、従車の頂角 β [度] を計算し、最も近い値を下記の〔数値群〕の中から選び、その番号を解答用紙の解答欄【 B 】にマークせよ。

〔数値群〕単位：度

① 8.4	② 10.3	③ 12.4	④ 14.7
⑤ 15.3	⑥ 17.6	⑦ 19.7	⑧ 21.6

（3）2 軸の交角 θ = 90° であるとき、点 P の周速度 v_p [m/s] を計算し、最も近い値を下記の〔数値群〕の中から選び、その番号を解答用紙の解答欄【 C 】にマークせよ。

〔数値群〕単位：m/s

① 1.45	② 2.22	③ 3.93	④ 4.58
⑤ 5.34	⑥ 6.52	⑦ 7.66	⑧ 8.32

（4）点 P における摩擦係数 μ = 0.15 とする。設問（3）において、両者間で動力 P = 2.5 kW を伝達させるために原車を軸方向に押し付ける力 F_A [N] を計算し、最も近い値を下記の〔数値群〕の中から選び、その番号を解答用紙の解答欄【 D 】にマークせよ。

〔数値群〕単位：N

① 1540	② 1840	③ 2113	④ 2462
⑤ 2688	⑥ 2963	⑦ 3190	⑧ 3415

3 すべり軸受の設計においては使用条件や環境とともに、軸受材料の許容面圧や許容すべり速度などの検討が必要である。図のように、軸の回転速度 $N = 310\ \mathrm{min}^{-1}$ 、ラジアル荷重 $W = 4.5$ kN がジャーナルの中央に作用するすべり軸受について、次の設問（1）～（3）に答えよ。
ただし、軸受材料の許容曲げ応力 $\sigma_a = 40$ MPa、すべり軸受の pV 値を 1.5 MPa・m/s とする。

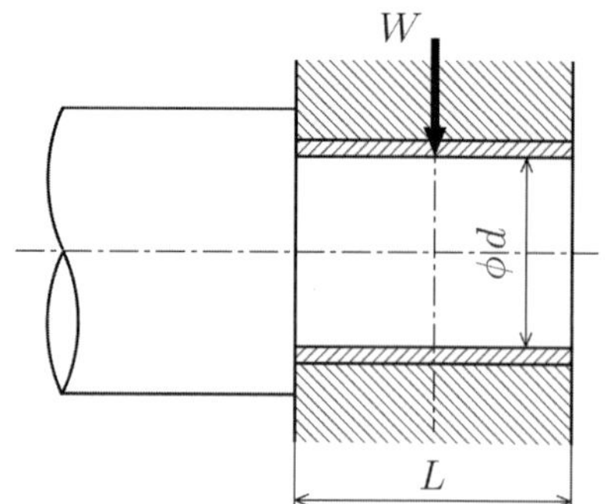

（1）軸受長さ L [mm] を計算し、最も近い値を下記の〔数値群〕の中から選び、その番号を解答用紙の解答欄【 A 】にマークせよ。

〔数値群〕単位：mm
① 36　② 43　③ 50　④ 57　⑤ 64　⑥ 71　⑦ 78　⑧ 85

（2）設問（1）で求めた軸受長さ L [mm] に対する幅径比 L/d が「最大」かつ強度上最適な軸径 d [mm] を計算し、最も近い値を下記の〔数値群〕の中から選び、その番号を解答用紙の解答欄【 B 】にマークせよ。

〔数値群〕単位：mm
① 22　② 25　③ 28　④ 30　⑤ 32　⑥ 35　⑦ 38　⑧ 40

（3）軸受圧力 p [MPa] を計算し、最も近い値を下記の〔数値群〕の中から選び、その番号を解答用紙の解答欄【 C 】にマークせよ。

〔数値群〕単位：MPa
① 1.56　② 1.89　③ 2.12　④ 2.31
⑤ 2.57　⑥ 2.81　⑦ 3.09　⑧ 3.32

〔4. 流体工学〕

1 空欄にあてはまると思われる語句、単位を下記の〔選択群〕から選び、その番号を解答用紙の解答欄【A】～【M】にマークせよ。

（1）流体の流量や流速を測定する方法として、【A】は、風の流れに対して正面と直角方向に小孔を持ち、それぞれの孔から別々に圧力(全圧および静圧)を取り出し、その圧力差から流速を測定する装置である。また、管路の中の流量を測定する装置として【B】および【C】がある。【B】は管の途中に絞りを設けたものであり、【C】は一枚の円板に円形の穴をあけたものを、管系の必要部分にフランジで固定した構造になっている。【D】は、開水路の水の流量の測定に用いられており、その原理は、【E】の定理である。

（2）前問（1）で述べられた装置の測定原理は、【F】の定理であるが、実際の測定値は、装置内の流体の流れに伴う損失などによって、理論値よりも【G】なる。

（3）管内の流れは、流れのレイノルズ数によって層流と乱流に分けられる。層流での円管内の流速分布は、軸に垂直方向に対して放物線分布であり、【H】流れとよばれる。摩擦係数はレイノルズ数の逆数に【I】する。一方、乱流での円管内の流速分布は、壁のごく近くでは層流で、【J】が存在するが、壁から少し離れると【K】で表される分布になる。下記のレイノルズ数の定義式において、υは動粘性係数で単位は【L】、μは粘性係数で単位は【M】である。ただし、定義式のvは代表速度、Dは代表寸法、ρは密度である。

$$\mathrm{Re} = \frac{vD}{\upsilon} = \frac{\rho v D}{\mu}$$

〔選択群〕

① 管オリフィス	② ベンチュリ管	③ ピトー管	④ せき
⑤ ベルヌーイ	⑥ トリチェリ	⑦ ハーゲン・ポアズイユ	⑧ 大きく
⑨ 小さく	⑩ 比例	⑪ 反比例	⑫ 境界層
⑬ 粘性底層	⑭ 対数法則	⑮ ムーディ線図	⑯ 相似則
⑰ N•m	⑱ N/m^2	⑲ Pa•s	⑳ m^2/s

2 下図のような縮小管路内を水が流れており、断面Aに静圧測定管、断面Bに全圧測定管が取り付けられている。d_1=200mm、d_2=100mm、h=196mmであるとき、次の設問（1）～（3）に答えよ。

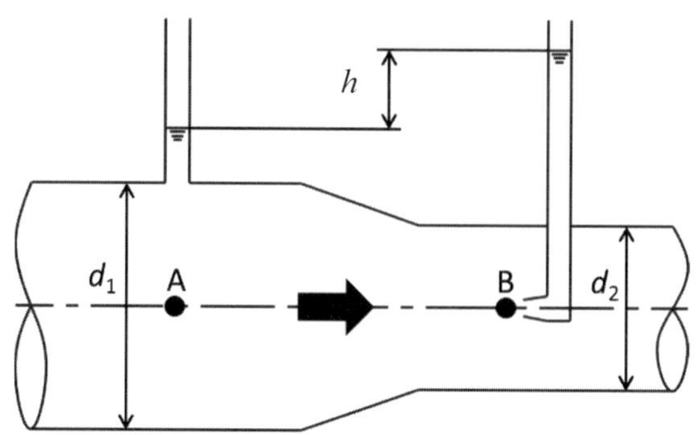

（1）断面Aでの平均流速v_a[m/s]を計算し、最も近い値を下記の〔数値群〕の中から選び、その番号を解答用紙の解答欄【A】にマークせよ。

〔数値群〕単位：m/s

① 1.76　② 1.86　③ 1.96　④ 2.06　⑤ 2.16

（2）断面Bでの平均流速v_b[m/s]を計算し、最も近い値を下記の〔数値群〕の中から選び、その番号を解答用紙の解答欄【B】にマークせよ。

〔数値群〕単位：m/s

① 7.54　② 7.64　③ 7.74　④ 7.84　⑤ 7.94

（3）管内を流れる質量流量G[kg/s]を計算し、最も近い値を下記の〔数値群〕の中から選び、その番号を解答用紙の解答欄【C】にマークせよ。

〔数値群〕単位：kg/s

① 60.0　② 60.5　③ 61.0　④ 61.5　⑤ 62.0

〔8. 工作法〕

1 部品加工において穴あけ加工は比較的多く利用される。以下の説明文は、各種穴あけ加工について述べたものである。文章中の空欄【Ａ】～【Ｎ】に最適と思われる語句を下記の〔語句群〕から選び、その番号を解答用紙の解答欄【Ａ】～【Ｎ】にマークせよ。ただし、語句の重複使用は可である。

（1）切削による穴あけで最も多く用いられる工具は、切れ刃みぞがねじれた形状となっているツイストドリル（以下ドリル）である。みぞのねじれ角は一般に25度から30度程度になっているが、アルミニウムなど軟質材料に対してはこれよりも【Ａ】角度が、鋳鉄など硬質・脆性材料に対しては【Ｂ】角度のものが選定される。先端角は118度が標準であるが、合金鋼などの硬い材料ではこれより【Ｃ】角度が、鋳鉄などややもろい材料では【Ｄ】角度が選ばれる。

（2）ドリルは構造上心部（web）を有するために、先端の切れ刃部にのみ状の【Ｅ】を有する。これが切削時に大きな障害となる。一つはこの部分はすくい角が【Ｆ】となるので切れ味はダウンする。したがって工具自体に大きな【Ｇ】が作用する。また、回転中心が移動することで真円度の悪い穴になってしまう。対策としてはこの部分の幅を砥石で小さくする【Ｈ】と呼ばれる修正研削が行われる。

（3）ドリルで明けた穴に対して、バイトによって直径を広げる加工が中ぐり加工である。中ぐりは旋盤でも可能であるが、この場合には【Ｉ】が回転して加工が行われる。中ぐり専用の工作機械が中ぐり盤であり、この機械では【Ｊ】を回転させて加工する方式が一般的である。

（4）中ぐり加工は旋削加工の一分野であるが、外径加工に比較して条件が悪い。深い穴の中ぐりでは工具や中ぐり棒の【Ｋ】が低くなるために振動などが発生し、仕上げ面が悪化してしまう。したがって、防振機能を有する工具を使用するなどの対策が必要となる。

（5）銃身のような直径の20倍以上の深い穴をあける先端に一枚の切れ刃を持つドリルが【Ｌ】である。先端の切れ刃の切削点に【Ｍ】を供給するためにシャンクを空洞にしたり、先端に穴をあけている。

（6）直径50mm以上の大きな穴をソリッドのドリルで１回で加工することは困難である。そこで、円筒状の端面に数枚の切れ刃をつけた中空ドリルで心ぬきを行う加工法が【Ｎ】加工である。心ぬきされた材料は再利用できるので経済的でもある。

〔語句群〕

①小さい　②大きい　③正（+）　④負(−)　⑤工具　⑥工作物
⑦ボール盤　⑧工作機械　⑨トレパニング　⑩チゼル　⑪マージン
⑫切削油剤　⑬剛性　⑭シンニング　⑮リーマ　⑰ガンドリル
⑱推力　⑲トルク　⑳シールド

2 以下の表には、Ⅰ群に加工法が示してある。それぞれの加工法に最も関係があると思う事項をⅡ群から選び、その番号を解答用紙の解答欄【Ａ】～【Ｋ】にマークせよ。ただし、語句の重複使用は不可である。

Ⅰ群	Ⅱ群
ショットピーニング【Ａ】	① 精密鋳造法
ホーニング【Ｂ】	② 半導体や宝石などの微細穴加工
放電加工【Ｃ】	③ スプリングバック
電解加工【Ｄ】	④ プレス抜き型の加工
電子ビーム加工【Ｅ】	⑤ アトマイジング法
TIG【Ｆ】	⑥ 圧縮残留応力
インベストメント法【Ｇ】	⑦ クロスハッチ仕上げ面
スエージ加工【Ｈ】	⑧ 研削加工との複合加工も可能
転造【Ｉ】	⑨ すえ込み鍛造
曲げ加工【Ｊ】	⑩ 非消耗電極
粉末冶金加工【Ｋ】	⑪ おねじの量産加工

〔9. 機械製図〕

1 次の各設問において、正しく説明しているものを一つ選びなさい。

（1）製図用紙に関する記述のうち、正しく説明しているものを一つ選び、その番号を解答用紙の解答欄【A】にマークせよ。

① 機械製図で用いられる用紙の大きさは、A1 ～ A5 である。

② 製図用紙は、長辺を横方向、縦方向のいずれに置いて用いても良い。

③ 図面の輪郭線は、0.5mm 以上の太さで描く。

④ 図面をとじ込んで使用するとき、とじしろを用紙の右側に設ける。

（2）製図に用いる線について、正しく説明しているものを一つ選び、その番号を解答用紙の解答欄【B】にマークせよ。

① 品物の見えない部分の形状を表すかくれ線は、細い実線で表す。

② 切断線は、不規則な波形の細い実線、またはジグザグ線で示す。

③ 断面図の切り口を示すスマジングは、細い実線で規則的に並べたもので示す。

④ 可動部分を、移動中の特定の位置または移動の限界の位置で表す想像線は細い二点鎖線で示す。

（3）面の一部に特殊な加工を施す必要がある場合に用いられる特殊指定線は、どのような線の種類を用いるか。正しく説明しているものを一つ選び、その番号を解答用紙の解答欄【C】にマークせよ。

① 細い一点鎖線

② 細い二点鎖線

③ 太い一点鎖線

④ 太い二点鎖線

（4）寸法記入において、正しく説明しているものを一つ選び、その番号を解答用紙の解答欄【D】にマークせよ。

① 寸法は、各投影図に出来る限り細かく、重複して寸法を記入するのが良い。

② 寸法は、なるべく計算して求める必要がないように記入するのが良い。

③ 寸法は、一つの投影図に集中せず、各投影図に均等に分散して記入するのが良い。

④ 寸法数値は、同一図面では一定の大きさで記入する方が望ましいが、狭小部では小さく、拡大図では大きく記入しても良い。

（5）幾何公差において、公差記入枠へのデータムまたはデータム系を示す文字記号の記入法として正しいものを一つ選び、その番号を解答用紙の解答欄【E】にマークせよ。

①

⊥	0.1	A

②

0.1	⊥	A

③

A	0.1	⊥

④

⊥	A	0.1

（6）寸法記入法において、正しく説明しているものを一つ選び、その番号を解答用紙の解答欄【Ｆ】にマークせよ。

① 直列寸法記入法は、基準となる部分からの個々の部分の寸法を、寸法線を並べて記入する方法をいう。

② 並列寸法記入法は、個々の部分の寸法を、それぞれ次から次に記入する方法をいう。

③ 累進寸法記入法は、基準となる部分からの個々の部分の寸法を、共通の寸法線を用いて記入する方法をいう。

④ 累積寸法記入法は、個々の部分の寸法を、逐次累積して記入する方法をいう。

（7）右図の寸法記入において、寸法数値の下に太い実線が引かれているが、正しく説明しているものを一つ選び、その番号を解答用紙の解答欄【Ｇ】にマークせよ。

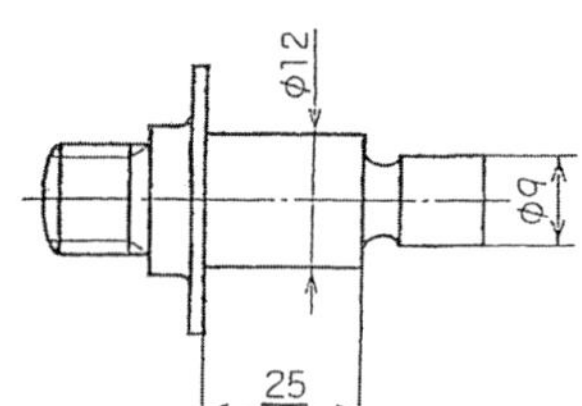

① 普通公差の範囲内で作製すれば良いことを示す寸法で、非機能寸法という。

② サイズ許容差を与えない参考寸法という。

③ この範囲内に特殊な加工・処理をすることを示す寸法で、特殊指定寸法という。

④ 一部の図形が寸法数値に比例しない場合に用いられる記号で、非比例寸法という。

（8）ねじについて、正しく説明しているものを一つ選び、その番号を解答用紙の解答欄【Ｈ】にマークせよ。

① ねじを一回転したとき、ねじ状の一点が軸方向に進む距離をピッチという。

② ねじの種類を表す記号Ｇは、管用平行ねじを示す。

③ 締付けボルトの種類には、通しボルト、植込みボルト、押さえボルトがあり、いずれもナットで締め付けて使用する。

④ めねじとおねじとはまりあう部分は、めねじを優先して製図する。

（9）右図のねじの寸法記入において、正しく説明しているものを一つ選び、その番号を解答用紙の解答欄【Ｉ】にマークせよ。

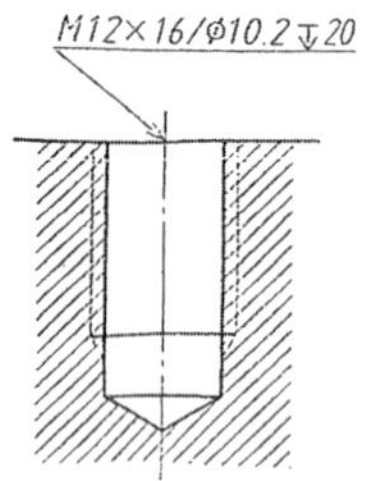

① メートル並目ねじ、呼び径 12、谷の径 10.2、ねじ込み部の長さ 16、下穴深さ 20 である。

② メートル細目ねじ、呼び径 12、谷の径 10.2、ねじ込み部の長さ 16、下穴深さ 20 である。

③ メートル並目ねじ、呼び径 12、ねじ下穴径 10.2、ねじ切り深さ 16、下穴深さ 20 である。

④ メートル細目ねじ、呼び径 12、ねじ下穴径 10.2、ねじ切り深さ 16、下穴深さ 20 である。

2

次の歯車の図示法およびキー溝の寸法記入法において、適切なものを一つ選びなさい。

（1）下図は、平歯車の側面図である。正しい図示法を一つ選び、その番号を解答用紙の解答欄【Ａ】にマークせよ。

①
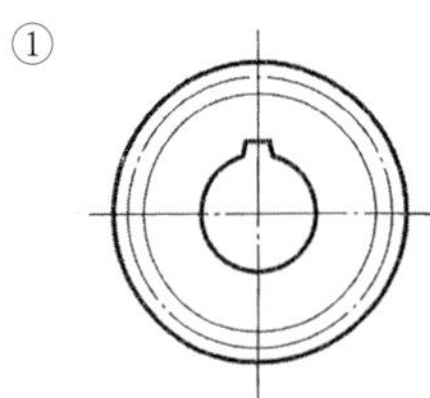
②
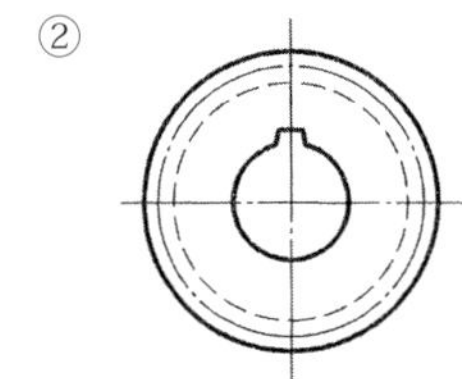
③
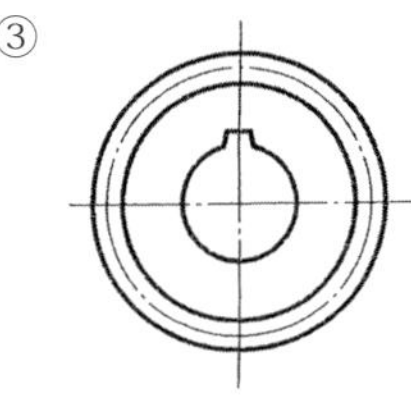

（2）はすば歯車の歯すじ方向を示すには、主投影図に通常３本の線を用いる。正しい線の種類を一つ選び、その番号を解答用紙の解答欄【Ｂ】にマークせよ。

① 細い実線　　② 細い一点鎖線　　③ 細い二点鎖線

（3）下図は、キー溝の長円の穴の寸法記入例を示す。最も適切な記入法のものを一つ選び、その番号を解答用紙の解答欄【Ｃ】にマークせよ。

①
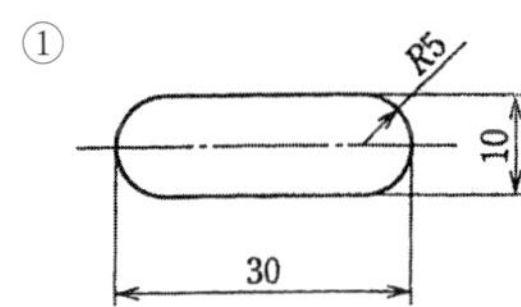

②
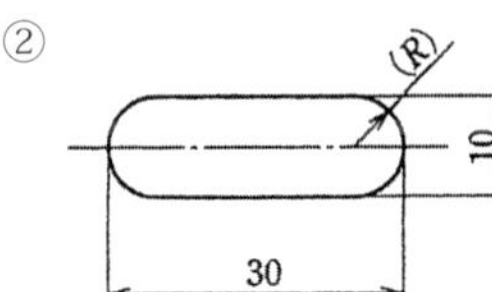

③
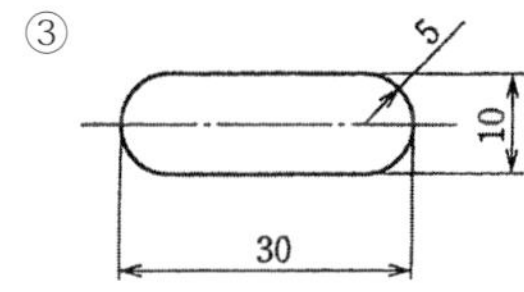

（4）下図は、穴のキー溝の深さを表す寸法記入法を示す。最も適切な記入法を一つ選び、その番号を解答用紙の解答欄【Ｄ】にマークせよ。

①
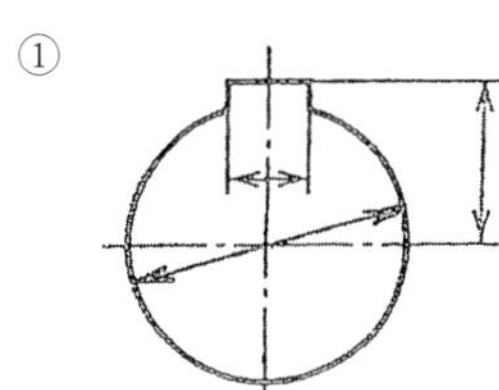
②
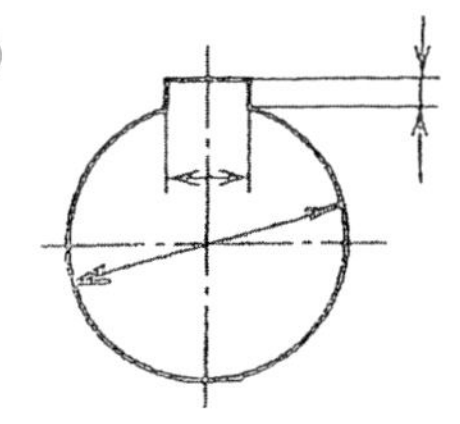
③
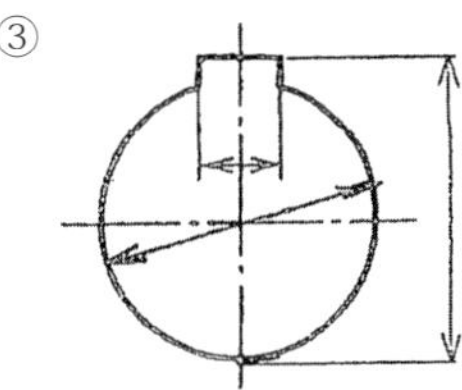

（5）下図は、軸のキー溝の深さを表す寸法記入法を示す。最も適切な記入法を一つ選び、その番号を解答用紙の解答欄【Ｅ】にマークせよ。

①
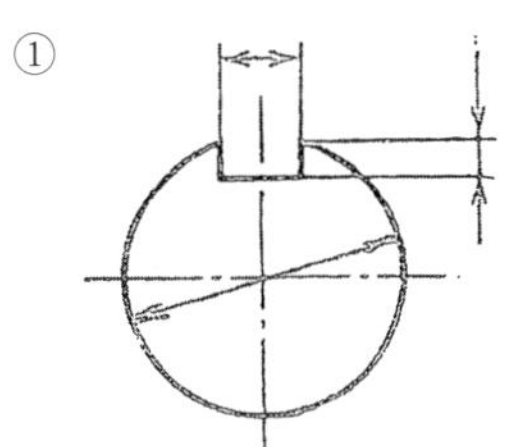
②
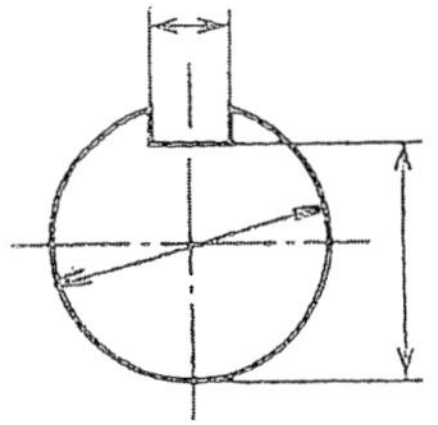
③
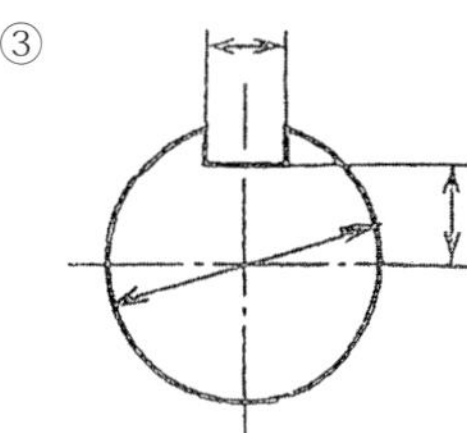

3 次の文章の空欄【Ａ】～【Ｊ】に当てはまる数値または語句を〔選択群〕から選び、解答用紙の解答欄【Ａ】～【Ｊ】にマークせよ。(重複使用可)

穴と軸が 下記の寸法のはめあい状態にある。
ϕ80H7（+0.030／0）、ϕ80m6（+0.030／+0.011）
この穴における上の許容サイズ（旧 JIS　最大許容寸法）は【Ａ】mm、下の許容サイズ（旧 JIS 最小許容寸法）は【Ｂ】mm、サイズ公差（旧 JIS 寸法公差）は【Ｃ】mm である。また、この軸における上の許容サイズ（旧 JIS　最大許容寸法）は【Ｄ】mm、下の許容サイズ（旧 JIS 最小許容寸法）は【Ｅ】mm 、サイズ公差（旧 JIS　寸法公差）は【Ｆ】である。
この状態の はめあいは【Ｇ】で、はめあい方式は【Ｈ】はめあい方式で、最大すきまは【Ｉ】、最大しめしろは【Ｊ】である。

〔選択群〕

① 0	② 0.011	③ 0.019	④ 0.030
⑤ 0.041	⑥ 80.000	⑦ 80.011	⑧ 80.030
⑨ 軸基準	⑩ 穴基準	⑪ すきまばめ	⑫ 中間ばめ
⑬ しまりばめ			

4 次の正投影図で表される立体図を一つ選び、その番号を解答用紙の解答欄【Ａ】にマークせよ。

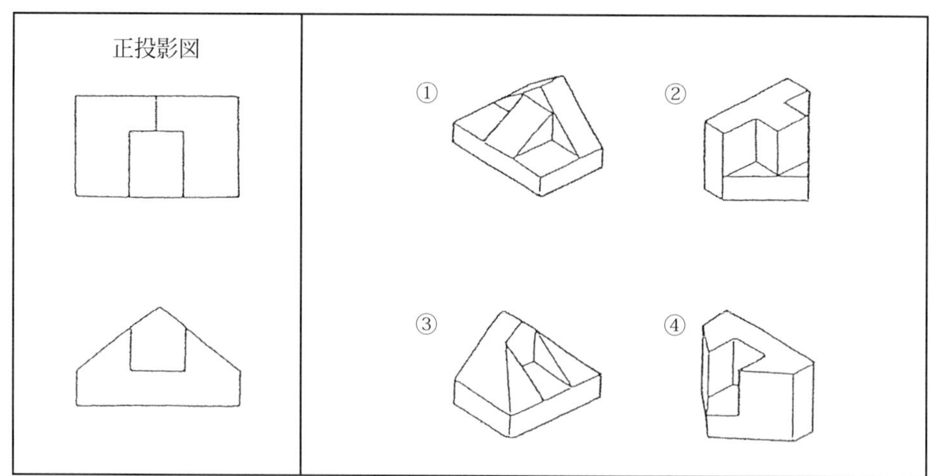

5 下図に溶接継手のレ形フレア溶接とK形開先溶接の実形図を示す。右側に図示した4つの図から正しい溶接記号の記入法の番号を解答用紙の解答欄【A】と【B】にマークせよ。

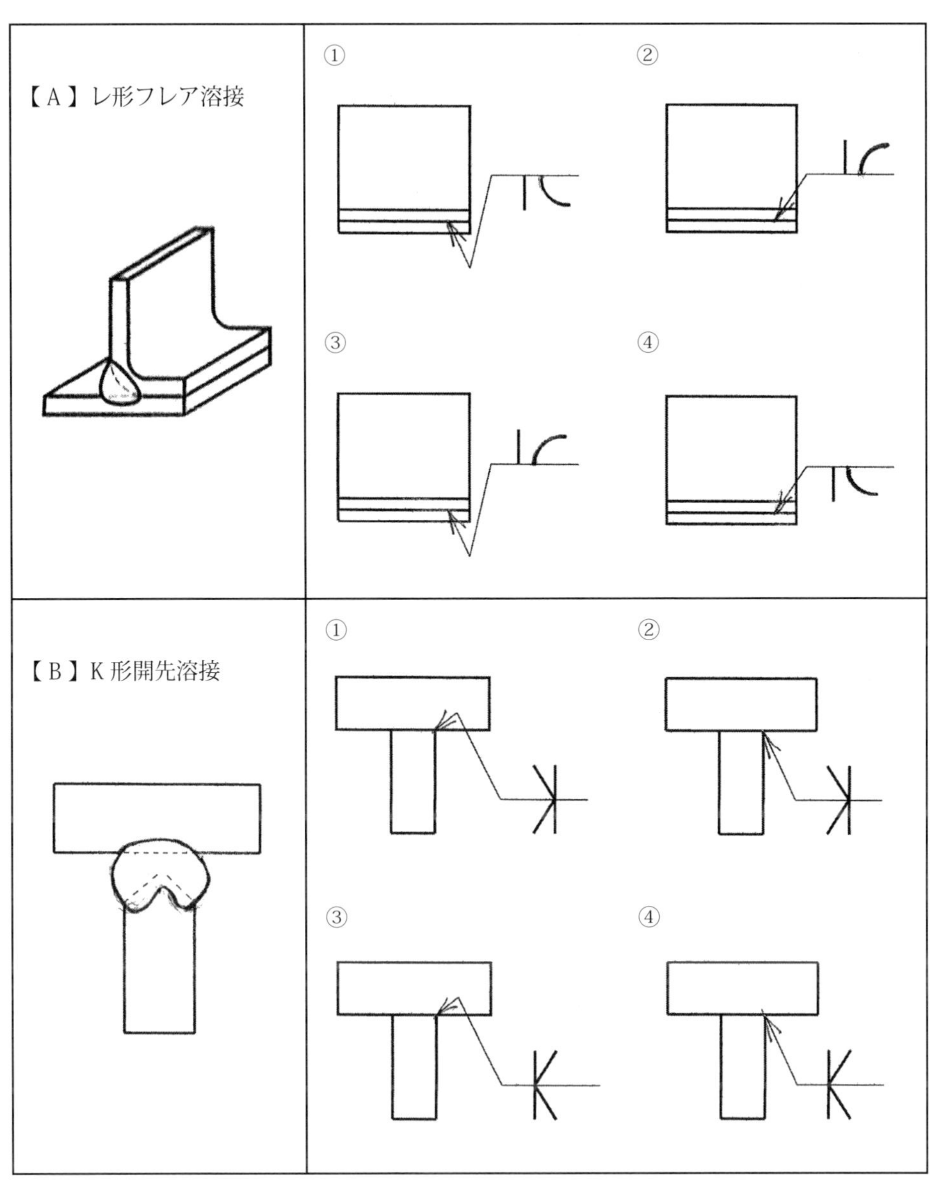

平成30年度 問題Ⅰ

平成30年度

機械設計技術者試験
3級　試験問題Ⅱ

第2時限（120分）

2. 材料力学

3. 機械力学

5. 熱工学

6. 制御工学

7. 工業材料

平成30年11月18日実施

〔2. 材料力学〕

1 図1のように、横断面積 A で長さ ℓ の軟鋼製棒が上端を剛体天井にCで固定されている。軟鋼の密度を、$\rho=7.9\times10^3\mathrm{kg/m^3}$ とし、縦弾性係数を E とする。

重力加速度は、$g=9.8\mathrm{m/sec^2}$ とする。以下の設問（1）～（4）に答えよ。

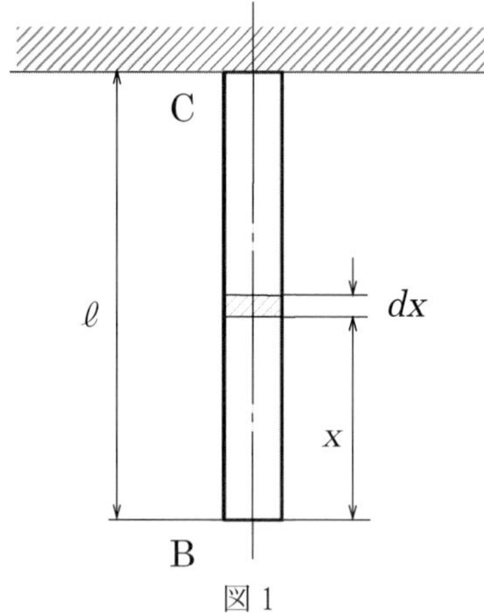

図1

（1）軟鋼の縦弾性係数 E として最も近い値を下記の〔数値群〕から選び、その番号を解答用紙の解答欄【A】にマークせよ。

〔数値群〕単位：GPa

① 60	② 80	③ 106	④ 150	⑤ 188
⑥ 206	⑦ 240	⑧ 260	⑨ 280	⑩ 300

（2）棒の下端Bから距離 $x=1.0\times10^3\mathrm{m}$ の断面に作用する応力 σ_x を計算し，その答に最も近い値を下記の〔数値群〕から選び、その番号を解答用紙の解答欄【B】にマークせよ。

〔数値群〕単位：MPa

① 7.9	② 15	③ 21	④ 25	⑤ 38
⑥ 50	⑦ 60	⑧ 77	⑨ 84	⑩ 93

（3）棒の長さ $\ell=2.0\times10^3\mathrm{m}$ のとき、棒BCの伸び λ を計算し，その答に最も近い値を下記の〔数値群〕から選び、その番号を解答用紙の解答欄【C】にマークせよ。

〔数値群〕単位：m

① 0.35	② 0.45	③ 0.52	④ 0.75	⑤ 0.92
⑥ 1.12	⑦ 1.51	⑧ 1.82	⑨ 2.03	⑩ 2.42

（4）この軟鋼材料の引張り強さを $\sigma_B=450\mathrm{MPa}$ として、自重に耐えることが出来る最大長さ ℓ_{max} を計算し、その答に最も近い値を下記の〔数値群〕から選び、その番号を解答用紙の解答欄【D】にマークせよ。

〔数値群〕単位：$\times10^3\mathrm{m}$

① 2.9	② 3.2	③ 3.7	④ 4.0	⑤ 4.8
⑥ 5.8	⑦ 6.3	⑧ 7.2	⑨ 8.4	⑩ 9.3

2 図２のような、軟鋼材料で作られた段付き中実丸棒の両端ＡＢを剛体壁に固定し、両端Ａ，Ｂからの距離がそれぞれ a=60cm、b=40cm の段付部Ｃにねじりモーメント T を作用させた。段付き中実丸軸の断面直径はそれぞれ d_a=40mm および d_b=30mm とする。横弾性係数は G とする。下記の設問（1）～（4）に答えよ

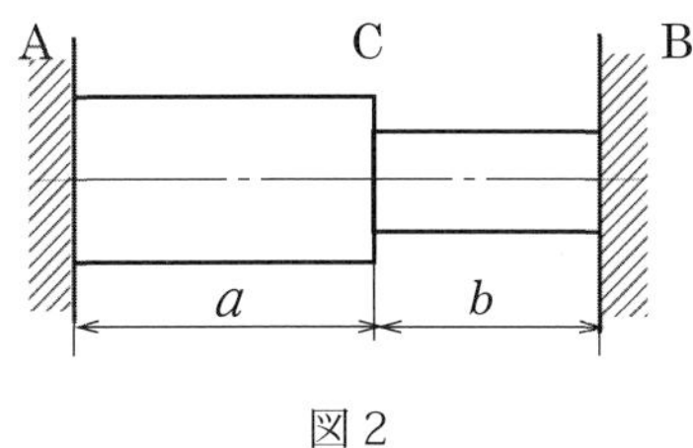

図２

（1）軟鋼の横弾性係数 G として最も近い値を下記の〔数値群〕から選び、その番号を解答用紙の解答欄【Ａ】にマークせよ。

〔数値群〕単位：GPa

① 60	② 80	③ 106	④ 120	⑤ 168
⑥ 206	⑦ 215	⑧ 260	⑨ 280	⑩ 290

（2）直径 d の中実丸軸の極断面二次モーメントを計算する式として、正しいものを下記の〔数式群〕から選び、その番号を解答用紙の解答欄【Ｂ】にマークせよ。

〔数式群〕

① $\dfrac{\pi d^2}{64}$	② $\dfrac{\pi d^3}{24}$	③ $\dfrac{\pi d^3}{32}$	④ $\dfrac{\pi d^4}{64}$	⑤ $\dfrac{\pi d^3}{12}$
⑥ $\dfrac{\pi d^4}{32}$	⑦ $\dfrac{\pi d^3}{64}$	⑧ $\dfrac{\pi d^2}{24}$	⑨ $\dfrac{\pi d^2}{4}$	⑩ $\dfrac{\pi d^2}{32}$

（3）ねじりモーメント T=250N•m を段付部Ｃに作用させたとき、BC 部に作用するモーメント T_B を計算し、その答に最も近い値を下記の〔数値群〕から選び、その番号を解答用紙の解答欄【Ｃ】にマークせよ。

〔数値群〕単位：N・m

① 25	② 30	③ 45	④ 50	⑤ 60
⑥ 72	⑦ 80	⑧ 90	⑨ 97	⑩ 112

（4）段付部Ｃのねじれ角 θ を計算し，その答に最も近い値を下記の〔数値群〕から選び、その番号を解答用紙の解答欄【Ｄ】にマークせよ。

〔数値群〕単位：$\times 10^{-3}$rad

① 3.1	② 4.5	③ 4.8	④ 5.1	⑤ 5.8
⑥ 6.2	⑦ 7.5	⑧ 8.5	⑨ 9.8	⑩ 11.3

3 図３に示すような、両端単純支持はりが、集中荷重 $W = 100\text{kN}$ をうけている。はりの全長は $\ell = 3.1\text{m}$ であり、$a = 1.8\text{m}$、$b = 1.3\text{m}$ である。下記の設問（１）～（４）に答えよ。

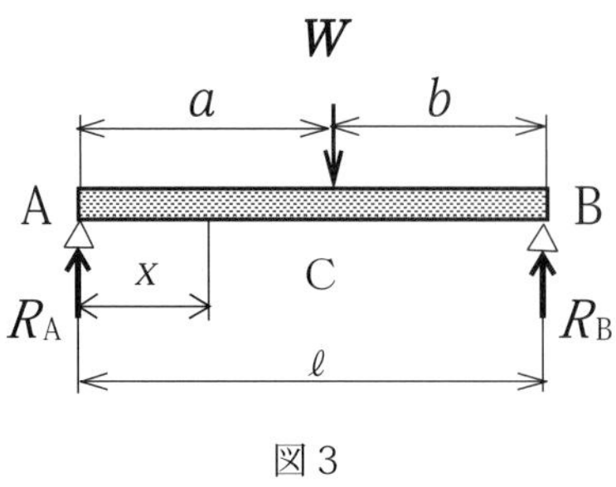

図３

（１）はりの点Ｂにおける支点反力 R_B を計算し，その答に最も近い値を下記の〔数値群〕から選び、その番号を解答用紙の解答欄【Ａ】にマークせよ。

〔数値群〕単位：kN

① 30　② 35　③ 45　④ 50　⑤ 58
⑥ 70　⑦ 80　⑧ 86　⑨ 90　⑩ 97

（２）はりに作用する最大曲げモーメントを計算し、その答に最も近い値を下記の〔数値群〕から選び、その番号を解答用紙の解答欄【Ｂ】にマークせよ。

〔数値群〕単位：kN･m

① 75　② 80　③ 83　④ 85　⑤ 90
⑥ 95　⑦ 97　⑧ 100　⑨ 110　⑩ 115

（3）はりの断面形状を、図 4 に示す。その寸法は、h = 120mm、h_1 = 10mm、b_1=100mm、b_2=15mm である。はりの断面二次モーメントを計算し、その答に最も近い値を下記の〔数値群〕から選び、その番号を解答用紙の解答欄【 C 】にマークせよ。

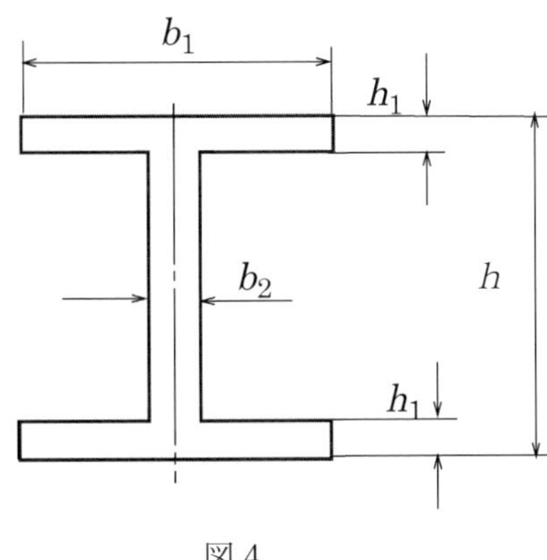

図 4

〔数値群〕単位：× 10^{-7}m^4

① 25　② 29　③ 36　④ 46　⑤ 58
⑥ 67　⑦ 73　⑧ 88　⑨ 98　⑩ 100

（4）はりに生ずる最大曲げ応力を計算し、その答に最も近い値を下記の〔数値群〕から選び、その番号を解答用紙の解答欄【 D 】にマークせよ。

〔数値群〕単位：MPa

① 237　② 260　③ 288　④ 309　⑤ 323
⑥ 391　⑦ 438　⑧ 525　⑨ 591　⑩ 619

〔3．機械力学〕

1 下図に示すようにｘ，ｙ，ｚ座標軸上のｙ軸方向に棒OBがある。棒OBは，O点でｘ軸回りに回転自由に取り付けられている。棒の先端部B点には，質量m＝80 kgのおもりが吊してある。棒上のA点から，２本のロープAD，AEで支持してある。
下記の設問に答えよ。ただし棒OBの質量は無視するとともに、重力加速度g = 9.8 m/sec^{2}として計算せよ。

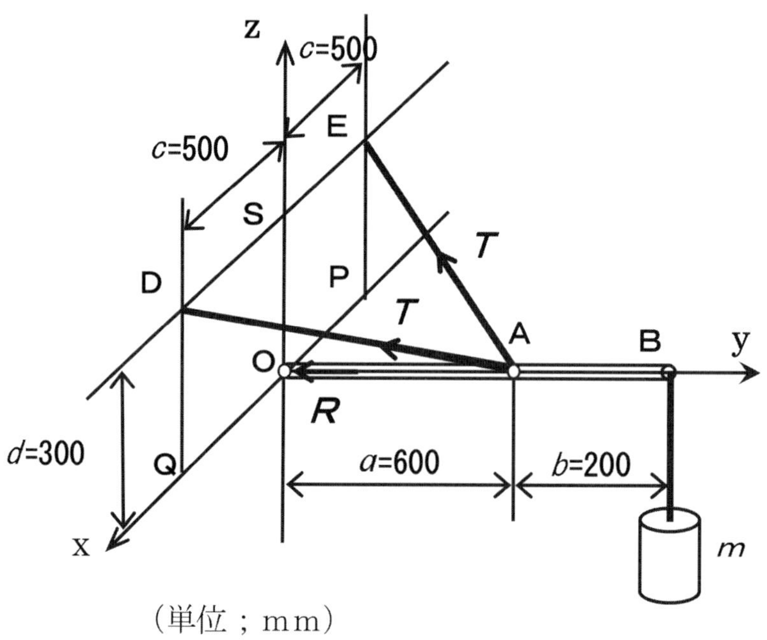

（単位；mm）

（1）２本のロープＡＤ，ＡＥに，それぞれ働く張力T〔N〕を，下記の〔数値群〕から最も近い値を一つ選び、その番号を解答用紙の解答欄【Ａ】にマークせよ。

〔数値群〕　単位〔N〕
① 1246　② 1452　③ 2314　④ 2521　⑤ 2623

（2）棒の支点O点に生ずるｙ軸方向の反力R〔N〕を，下記の〔数値群〕から最も近い値を一つ選び、その番号を解答用紙の解答欄【Ｂ】にマークせよ。

〔数値群〕　単位〔N〕
① 1745　② 2090　③ 2859　④ 3462　⑤ 4363

2 下図に示す軸継手がある。図面下側半分は，ボルト挿入穴を示すために，ボルトを省略して記してある。この軸継手は，４本のリーマボルトで連結されている。
リーマボルト穴中心円の直径は，160mm である。以下の設問に答えよ。

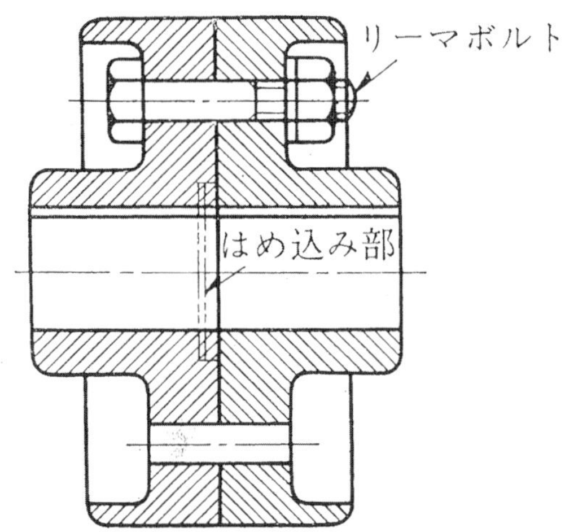

（1）軸の回転速度 n〔min^{-1}〕で動力 L〔W〕を伝達したい。このときの伝達トルク T〔N･m〕を求める式を、下記の〔数式群〕から一つ選び、その番号を解答用紙の解答欄【 A 】にマークせよ。

〔数式群〕

① $\dfrac{60\pi L}{2n}$　② $\dfrac{60\,L}{2\pi n}$　③ $\dfrac{2\pi n}{60L}$　④ $\dfrac{n\pi L}{60}$　⑤ $\dfrac{60nL}{2\pi}$

（2）軸を回転速度 $n = 110\ \mathrm{min}^{-1}$ で駆動して，動力 $L = 12$ kW を伝達する。軸継手の伝達トルク T を、下記の〔数値群〕から最も近い値を一つ選び、その番号を解答用紙の解答欄【 B 】にマークせよ。

〔数値群〕 単位 〔N・m〕

① 1042　② 1204　③ 1240　④ 1402　⑤ 1420

（3）この軸継手のリーマボルト１本あたりに作用している荷重 F を、下記の〔数値群〕から最も近い値を一つ選び、その番号を解答用紙の解答欄【 C 】にマークせよ。

〔数値群〕 単位 〔N〕

① 3025　② 3256　③ 3420　④ 3526　⑤ 3654

3 下図はＡ点を回転自由に支持され、質量を無視できる片持ちはりを示している。はりの自由端Ｂ点は、ばね定数kのばねで支えられている。今、はりのＣ点に質量mの物体を吊りさげた。以下の設問に答えよ。ただし，はり自体は，変形しないものとする。

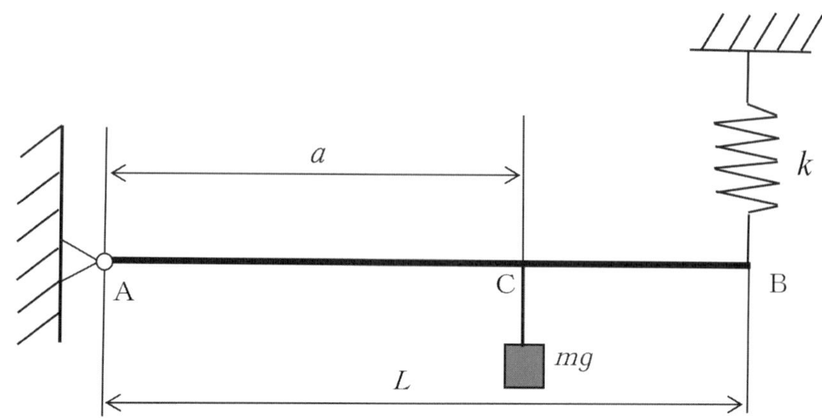

（１）はりのＣ点に質量mの物体を吊るした時，Ｂ点に作用する荷重Fを、下記の〔数式群〕から一つ選び、その番号を解答用紙の解答欄【Ａ】にマークせよ。数式群の式中の記号は図中の記号を示している。また、質量mの物体による荷重を、P（$= mg$）として示す。

〔数式群〕

① $\frac{a^2P}{L^2}$　② $\frac{aP}{L}$　③ $\frac{LP}{a}$　④ $\frac{L^2P}{a}$　⑤ $\frac{PL^2}{a^2}$

（２）はりのＣ点の変位量δを、下記の〔数式群〕から一つ選び、その番号を解答用紙の解答欄【Ｂ】にマークせよ。

〔数式群〕

① $\frac{a^2P}{L^2k}$　② $\frac{L^2P}{a^2k}$　③ $\frac{LP^2}{ak^2}$　④ $\frac{a^2k}{L^2P}$　⑤ $\frac{PL}{ak}$

（３）Ｃ点の荷重と変位量から計算したはりＡＢの見かけのばね定数Kを、下記の〔数式群〕から一つ選び、その番号を解答用紙の解答欄【Ｃ】にマークせよ。

〔数式群〕

① $\frac{L^2}{a^2k}$　② $\frac{L}{ak}$　③ $\frac{L^2k}{a^2}$　④ $\frac{a^2k}{L^2}$　⑤ $\frac{a}{Lk}$

（4）上記の図で示す状態でのはりＡＢの固有振動数f_nを、下記の〔数式群〕から一つ選び、その番号を解答用紙の解答欄【Ｄ】にマークせよ。

〔数式群〕

① $\frac{1}{2\pi}\sqrt{\frac{mL^2}{a^2k}}$　② $\frac{1}{2\pi}\sqrt{\frac{L^2a}{mk^2}}$　③ $\frac{1}{2\pi}\sqrt{\frac{ma^2k}{L^2}}$　④ $\frac{1}{2\pi}\sqrt{\frac{L^2k}{ma^2}}$　⑤ $\frac{1}{2\pi}\sqrt{\frac{a^2k}{mL^2}}$

〔5. 熱工学〕

1 次の設問の空欄【A】～【J】に最適と思われる数値または語句を、下記の〔選択群〕より一つ選び、その番号を解答用紙の解答欄【A】～【J】にマークせよ。

設問

（1）1.5kW の赤外線温風ヒーターがある。このヒーターを5時間消すことなく、入れ続けたら、このヒーターは【A】kWh の熱量を放出したことになり、これをジュールで表すと【B】MJ に相当する。

（2）このヒーターの代わりに、エアコンのヒートポンプを使用した暖房を考える。ヒートポンプの動作係数（COP とも言う）ε_hは室内温度 T_h、室外の温度を T_c とし、室外から Q_c の熱量を吸収し、室内へ Q_h の熱量を放出したとする。　さらに、このヒートポンプに動力 L を与えたとすると、ε_h =【C】で表され、また、熱力学第1法則より室内外の熱エネルギーで表すと L =【D】となり、これを【C】に代入することにより、ε_hを熱量を用いて表すことができる。

（3）また、このヒートポンプに逆カルノーサイクルを仮定したヒートポンプを使用したとすると、カルノーサイクルより両熱量の比は両温度の比だけで表され、式【E】が成り立つ。したがって、上式にこの式を適用すると結局次式 ε_h =【F】で表され、この式から、温度だけで動作係数 ε_hを求めることができる。これを【C】を用いた式に代入することにより動力 L が与えられたとき、室内への放出熱量 Q_h を求めることができる。

（4）もし、室内温度を 20℃、室外温度を 0℃とするとき、逆カルノーサイクルを行うヒートポンプに温風ヒーターと同じ動力 1.5kW を与えたとき、ε_h =【G】となる。したがって、この ε_hの値を、【C】の放出熱量 Q_h と動力 L の関係式に代入すると、Q_h =【H】kW の熱量を室内に放出したことになる。さらに、5時間では【I】MJ の熱量を放出し、赤外線温風ヒーターの【J】倍の能力を有することになり、ヒートポンプは省エネルギーにとって有意義であることがわかる。

〔選択群〕

① 7.5	② 15	③ 22
④ 27	⑤ 400	⑥ Q_h / L
⑦ L / Q_h	⑧ $Q_h / (Q_h - Q_c)$	⑨ $(Q_h - Q_c) / Q_h$
⑩ $Q_h - Q_c$	⑪ $Q_c - Q_h$	⑫ $(Q_h / Q_c) = (T_c / T_h)$
⑬ $(Q_c / Q_h) = (T_c / T_h)$	⑭ $T_c / (T_h / T_c)$	⑮ $T_h / (T_h - T_c)$

2 熱伝導率 λ = 1.0W/(mK) からなる厚み 1.0mm の紙でできた（耐熱温度 180℃）の容器を作り、内側に 100℃の水を入れ、外から 1100℃のガス火炎で加熱するとき、ガス側の熱伝達率 h_1 = 50.0W/(m^2K)、水側の熱伝達率 h_2 = 2500W/(m^2K) として、熱流束 q とガス側の紙の表面温度 T_1 を計算し、紙でも火炎に耐えられるかを確かめたい。

次の手順の文章の空欄【 A 】～【 E 】に当てはまる適切な語句、または最も近い数値を〔選択群〕から選びその番号を解答用紙の解答欄【 A 】～【 E 】にマークせよ。

手順

紙の厚みを δ m とし、火炎の温度を T_h℃、水の温度を T_c℃、紙の熱伝導率を λ とすると、一般に熱通過の式は、

$$q = \frac{T_h - T_1}{\left(\frac{1}{h_1}\right)} = \frac{T_1 - T_2}{\left(\frac{\delta}{\lambda}\right)} = \frac{T_2 - T_c}{\left(\frac{1}{h_2}\right)} \qquad (1)$$

（1）より、

$$q = \frac{T_h - T_c}{\left(\frac{1}{h_1}\right) + \left(\frac{\delta}{\lambda}\right) + \left(\frac{1}{h_2}\right)} = k(T_h - T_c) \qquad (2)$$

したがって、

$$\frac{1}{k} = \frac{1}{h_1} + \frac{\delta}{\lambda} + \frac{1}{h_2} \qquad (3)$$

が成り立ち、ここに、k を【 A 】と呼ぶ。（3）式に問題で与えられた数値を代入すると、k は【 B 】W/(m^2K) となり、これを（2）式に代入することにより、熱流束 q は【 C 】W/m^2 となる。さらに、この q の値を（1）式に代入することにより、T_1 を求めると、T_1 =【 D 】℃となり、火炎に【 E 】ことがわかる。

〔選択群〕

① 47　② 67　③ 166　④ 7280
⑤ 46700　⑥ 55000　⑦ 熱伝達率　⑧ 熱通過率
⑨ 耐えられない　⑩ 耐えられる

平成30年度 問題II

〔6. 制御工学〕

1 温度制御に関して述べた次の文章の空欄【Ａ】～【Ｌ】に最も適切な語句を下記の〔語句群〕の中から選び、その番号を解答用紙の解答欄【Ａ】～【Ｌ】にマークせよ。
ただし、重複使用は不可である。

我々の日常生活において「温度」とは、絶対的に必要な「空気」や「水」と同じくらい重要な要素である。制御系においても温度制御は広く利用されており、快適な生活をする上で重要なファクタである。温度制御の理想は、実際の温度に何らかの変化が生じた場合、それに伴う【Ａ】状態をすみやかになくして【Ｂ】状態に素早く落ち着かせ、定常【Ｃ】をなくすことである。さらに、可能な限りむだ時間を小さくし、実際の温度が希望の温度を通り越して上がってしまう【Ｄ】を起こさないようにすることである。したがって、制御の良さとは、制御結果を理想的な【Ｅ】に近づけるか、ということである。

制御では、温度制御の構成を図１のような【Ｆ】線図で表現して多くの要素で構成されるシステムを視覚的にわかりやすく表現する。このような制御対象と制御装置がループを形成する系は【Ｇ】制御システムと呼ばれる。また、制御では図中の「こたつ内温度」を【Ｈ】と呼び、「すきま風」を【Ｉ】と呼ぶ。

精密さと安定性を要求しない温度を【Ｈ】とするプロセス制御でオン・オフ動作を用いた場合、【Ｈ】は【Ｊ】を起こすので、それを取り除くために【Ｋ】動作を用いる。しかし、オフセットを生じるので、これを解消させる目的で【Ｌ】動作と組み合わせて用いられることが多い。

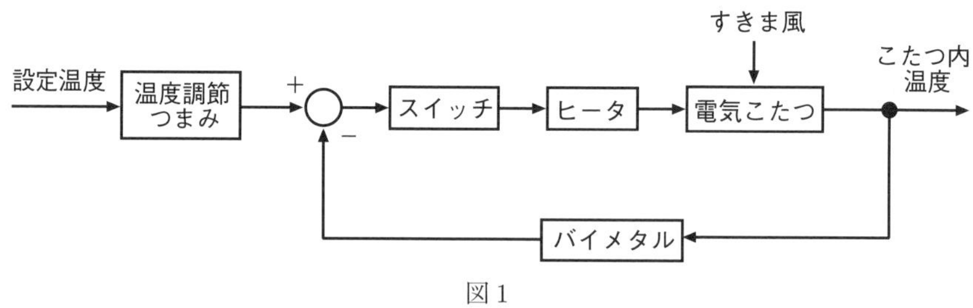

図１

〔語句群〕

① １次遅れ	② ２次遅れ	③ 応答	④ オーバーシュート
⑤ 外乱	⑥ 過渡	⑦ サイクリング	⑧ シーケンス
⑨ 時定数	⑩ 制御量	⑪ 積分	⑫ 操作量
⑬ 定常	⑭ ノイズ	⑮ 比例	⑯ フィードバック
⑰ ブロック	⑱ 偏差	⑲ ボード	⑳ ラプラス

2 2次振動系の伝達関数$G(s) = \dfrac{K}{s^2 + \alpha s + \beta}$（$K$, α, β は定数）で表されるシステムの目標値に単位ステップ入力を与えたところ、そのときの応答の最大となる行き過ぎ量 O_s = 18% であった。このシステムが時間 t の経過とともに減衰するとき、次の設問（1）～（3）に答えよ。

なお、2次振動系の単位ステップ応答 $y(t)$ は、減衰係数 ζ 、固有角周波数 ω_n とすれば次式で与えられる。

$$y(t) = K\left[1 - \frac{e^{-\zeta\omega_n t}}{\sqrt{1-\zeta^2}}\sin\left(\omega_n\sqrt{1-\zeta^2}\,t + \phi\right)\right], \quad \tan\phi = \frac{\sqrt{1-\zeta^2}}{\zeta}$$

また、単位ステップ応答 $y(t)$ を時間 t で微分すると、

$$\frac{d}{dt}\{y(t)\} = K\frac{e^{-\zeta\omega_n t}}{\sqrt{1-\zeta^2}}\sin\left(\omega_n\sqrt{1-\zeta^2}\,t\right)$$

である。

（1）応答の最大となる行き過ぎ時間 t_p を求める式として、最も適切なものを下記の〔数式群〕の中から1つ選び、その番号を解答用紙の解答欄【A】にマークせよ。

〔数式群〕

① $\dfrac{1}{\zeta\sqrt{\pi + \omega_n^2}}$　② $\dfrac{1}{\zeta\sqrt{\pi - \omega_n^2}}$　③ $\dfrac{\pi}{\zeta\sqrt{1 + \omega_n^2}}$　④ $\dfrac{\pi}{\zeta\sqrt{1 - \omega_n^2}}$

⑤ $\dfrac{1}{\omega_n\sqrt{\pi + \zeta^2}}$　⑥ $\dfrac{1}{\omega_n\sqrt{\pi - \zeta^2}}$　⑦ $\dfrac{\pi}{\omega_n\sqrt{1 + \zeta^2}}$　⑧ $\dfrac{\pi}{\omega_n\sqrt{1 - \zeta^2}}$

（2）減衰係数 ζ を計算し、最も近い値を下記の〔数値群〕の中から選び、その番号を解答用紙の解答欄【B】にマークせよ。

［参考］行き過ぎ量 O_s [%] は、行き過ぎ時間 t_p、定常値を $y(\infty)$ とすれば、

$$O_s = \frac{y(t_p) - y(\infty)}{y(\infty)} \times 100$$

である。

また、三角関数の性質として、

$\sin(\pi + \phi) = -\sin\phi$、$\sin^2\phi + \cos^2\phi = 1$

なる関係が成り立つ。

〔数値群〕

① 0.16　② 0.24　③ 0.32　④ 0.40

⑤ 0.48　⑥ 0.56　⑦ 0.64　⑧ 0.72

平成30年度 問題Ⅱ

（3）このシステムの整定時間 $t_s = 8$ [s] とする定数 K の値を計算し、最も近い値を下記の〔数値群〕の中から選び、その番号を解答用紙の解答欄【 C 】にマークせよ。

［参考］応答が定常値の± 2% 以内に入るまでの整定時間 t_s は

$$t_s = \frac{4}{\zeta\omega_n}$$

で求めることができる。

〔数値群〕

①0.55　②0.62　③0.74　④0.86
⑤0.95　⑥1.08　⑦1.16　⑧1.25

〔7. 工業材料〕

1 次の一覧表に示す５種類の銅またはアルミニウム合金について、それぞれ構成元素および特徴を〔語句群〕の中から選びなさい。なお、構成元素の欄（【Ａ】～【Ｅ】）については〔語句群〕の（１）の中から、特徴の欄（【Ｆ】～【Ｊ】）については〔語句群〕の（２）の中から、最も適切なものを一つずつ選び、その番号を解答用紙の解答欄にマークせよ。ただし、重複使用は不可である。

合金の名称	構成元素	特徴
黄銅	【Ａ】	【Ｆ】
洋白	【Ｂ】	【Ｇ】
青銅鋳物	【Ｃ】	【Ｈ】
ジュラルミン	【Ｄ】	【Ｉ】
シルミン	【Ｅ】	【Ｊ】

〔語句群〕

（１）構成元素

① Al-Cu-Mg　② Al-Mg　③ Al-Si　④ Cu-Ni-Zn　⑤ Al-Si-Mg
⑥ Cu-Sn-Zn　⑦ Cu-Al　⑧ Cu-Zn

（２）特徴

① 鋳造性が優れており、工業的には機械部品や軸受、ポンプ部品などに用いられている。
② 鋳造性は良くないが、耐食性やじん性が優れているので架線金具などに用いられている。
③ 鋳造性は優れているが、耐力が低いため用途は薄肉品に限られており、ケース類やカバー類、ハウジングなどに用いられている。
④ 非熱処理型合金としては強度が比較的高く、溶接性が優れている。比較的耐食性が優れて いるので海水中で使用されている船舶用材などにも用いられている。
⑤ 熱処理（溶体化処理→時効処理）によって高強度が得られ、被削性は良好である。溶接性は劣るので、結合はリベットやボルトなどで行われている。
⑥ 冷間加工後の250℃の焼なましによって優れたばね特性が得られるので、電気計測器などのスイッチ、コネクター、リレーなどに用いられている。
⑦ 真鍮ともよばれ、塑性加工が容易である。アンモニアを含む環境では応力腐食割れを生じやすい。
⑧ 銀白色を呈しているので装飾品や食器などに用いられている。また、ばね特性が良好なため、各種ばねにも用いられている。

2 次の設問（1）～（10）は鉄鋼材料について記述したものである。各設問について正しい答えを選び、その番号を解答用紙の解答欄【A】～【J】にマークせよ。

（1）純鉄とは、一般には炭素含有量が何％以下の鉄鋼材料のことか。解答欄【 A 】にマークせよ。

① 0.02%　② 0.03%　③ 0.04%　④ 0.05%　⑤ 0.06%

（2）JIS による機械構造用合金鋼に属する SCM435 において、数字の 4 は主要合金元素コードを表している。そのあとに続く 35 は何を表しているか。解答欄【 B 】にマークせよ。

① 硬さ　② 引張強さ　③ 炭素量　④ 通し番号　⑤ 合金元素量

（3）次に示す鋼種のうち、肌焼鋼（浸炭用鋼）はどれか。解答欄【 C 】にマークせよ。

① S45C　② S15C　③ SCM440　④ SK65　⑤ SUS440

（4）ステンレス鋼は、金属組織によって 5 種類に分類されている。最も一般的なステンレス鋼である 18-8 ステンレス鋼の種類は、次のうちのどれか。解答欄【 D 】にマークせよ。

① マルテンサイト系　② フェライト系　③ 析出硬化系　④ オーステナイト系
⑤ オーステナイト・フェライト系

（5）一般的な鉄鋼材料において室温での生地組織の名称は、次のうちのどれか。解答欄【 E 】にマークせよ。

① ベイナイト　② マルテンサイト　③ ソルバイト　④ フェライト
⑤ オーステナイト

（6）鉄鋼材料を焼入硬化させたときの生地組織の名称は、次のうちのどれか。解答欄【 F 】にマークせよ。

① ベイナイト　② マルテンサイト　③ ソルバイト　④ フェライト
⑤ オーステナイト

（7）次に示す鋼材の種類のうち、高張力ボルトに最も適しているものはどれか。解答欄【 G 】にマークせよ。

① 機械構造用合金鋼鋼材　② 炭素工具鋼鋼材　③ 一般構造用圧延鋼材
④ ばね鋼鋼材　⑤ 機械構造用炭素鋼鋼材

（8）鉄鋼材料をオーステナイト領域から A_1 変態点以下の各温度まで急冷し、その温度で等温保持したときの変態線図の通称は、次のうちのどれか。解答欄【 H 】にマークせよ。

① TTT 曲線　② CCC 曲線　③ CCT 曲線　④ TTC 曲線　⑤ TCT 曲線

（9）次の文章は、工具鋼について記述したものである。間違って記述している文章はどれか。解答欄【I】にマークせよ。

① JISの鋼種記号であるSK80とは、炭素（C）を約0.8%含有する炭素工具鋼である。

② JISの鋼種記号であるSK105は過共析鋼である。

③ 工具鋼は、一般に焼入れ焼戻しして使用される。

④ JISの鋼種記号であるSKH51は、高速度工具鋼に属するものである。

⑤ 工具鋼に強く要求される特性は、耐摩耗性よりも延性である。

（10）鋼において、鉄（Fe）以外に必ず含有している元素がある。次のうち該当しない元素はどれか。解答欄【J】にマークせよ。

① シリコン（Si）　② マンガン（Mn）　③ クロム（Cr）　④ リン（P）

⑤ イオウ（S）

平成 30 年度　3 級　試験問題Ⅰ　解答・解説

（1. 機構学・機械要素設計　4. 流体工学　8. 工作法　9. 機械製図）

[1. 機構学・機械要素設計]

1　解答

A	B	C	D	E	F
②	⑧	④	③	⑥	①

2

（1）**解答**

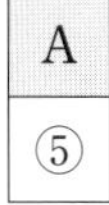

A
⑤

解説

速度比の関係から $\dfrac{N_B}{N_A} = \dfrac{r_A}{r_B}$ の関係が成り立つ．したがって，

$$r_B = r_A \cdot \frac{N_A}{N_B} = 125 \times \frac{350}{250} = \underline{175\ \text{mm}}$$

（2）**解答**

B
⑥

解説

速度比の関係から $\dfrac{N_B}{N_A} = \dfrac{\sin\alpha}{\sin\beta}$，$\theta = \alpha + \beta$ より，

$$\frac{N_B}{N_A} = \frac{\sin\theta - \cos\theta\tan\beta}{\tan\beta}$$ であるから，$$\tan\beta = \frac{\sin\theta}{\dfrac{N_B}{N_A} + \cos\theta}$$

$$\beta = \tan^{-1}\left\{\frac{\sin\theta}{\dfrac{N_B}{N_A} + \cos\theta}\right\} = \tan^{-1}\left\{\frac{\sin 30^\circ}{\dfrac{250}{350} + \cos 30^\circ}\right\} = \underline{17.6\ 度}$$

（3）**解答**

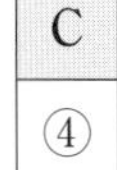

C
④

解説

接触線上のいずれの点においても，その点の周速度は等しいので，

$$v_p = r_A\left(\frac{2\pi}{60}N_A\right) = r_B\left(\frac{2\pi}{60}N_B\right)$$

$$v_p = r_A\left(\frac{2\pi}{60}N_A\right) = 125 \times \left(\frac{2 \times 3.14}{60} \times 350\right) = \underline{4.58\ \text{m/s}}$$

（4）**解答**

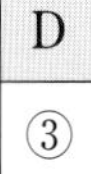

解説

速度比と図の関係から $= \dfrac{N_B}{N_A} = \dfrac{r_A}{r_B} = \dfrac{\text{OP}\sin\alpha}{\text{OP}\sin\beta}$ である．この式から

$$\frac{N_B}{N_A} = \frac{\sin\alpha}{\sin\beta} = \frac{\sin\alpha}{\sin(\theta-\alpha)} = \frac{\sin\alpha}{\sin\theta\cos\alpha - \cos\theta\sin\alpha} = \frac{\tan\alpha}{\sin\theta - \cos\theta\tan\alpha}$$

したがって，$N_B(\sin\theta - \cos\theta\tan\alpha) = N_A\tan\alpha$ より，

$$\tan\alpha = \frac{N_B\sin\theta}{N_A + N_B\cos\theta}$$

題与の $\theta = 90°$ を代入すれば，

$$\tan\alpha = \frac{N_B\sin 90°}{N_A + N_B\cos 90°} = \frac{N_B}{N_A}$$

$$\alpha = \tan^{-1}\frac{N_B}{N_A} = \tan^{-1}\frac{250}{350} = 35.5°$$

また，円すいの接触面を直角に押し付けるためには，

$$F = \frac{F_A}{\sin\alpha} = \frac{F_B}{\sin\beta}$$

接触部Pにおける伝達動力は，

$$P = \frac{\mu F v_p}{1\,000} = \frac{\mu F_A v_p}{1\,000\sin\alpha} = \frac{\mu F_B v_p}{1\,000\sin\beta}$$

$$F = F_A = \frac{1\,000\,P\sin\alpha}{\mu v_p} = \frac{1\,000 \times 2.5 \times \sin 35.5°}{0.15 \times 4.58} = \underline{2\,113\ \text{N}}$$

3

（1）**解答**

A
③

解説

ラジアル荷重が作用する場合の軸受圧力 p［MPa］は，軸受内径を d［mm］とすれば

$$p = \frac{W}{dL}$$

また，軸のすべり速度 V［m/s］は $V = \dfrac{\pi dN}{1\,000 \times 60}$ であるから，

$$pV = \frac{W}{dL} \cdot \frac{\pi dN}{1\,000 \times 60} = \frac{\pi WN}{L \times 1\,000 \times 60} \text{ より，} L = \frac{\pi WN}{pV \times 1\,000 \times 60}$$

ここで pV は，すべり軸受の pV 値（最大許容圧力速度係数）であるから，

$$L = \frac{3.14 \times 4.5 \times 10^3 \times 310}{1.5 \times 1\,000 \times 60} = 48.67 \doteqdot \underline{50\ \mathrm{mm}}$$

（2）**解答**

B
⑤

解説

許容曲げ応力 σ_a は，曲げモーメント M，断面係数 Z とすれば，$\sigma_a = \dfrac{M}{Z}$，$Z = \dfrac{\pi}{32}d^3$

全荷重がジャーナルに一様に分布する片持ちばりと考えれば，$M = \dfrac{WL}{2}$ であるから，

$$\sigma_a = \frac{\dfrac{WL}{2}}{\dfrac{\pi}{32}d^3} \text{ より，} d^3 = \frac{16}{\pi} \cdot \frac{WL}{\sigma_a}$$

$$\therefore d = \sqrt[3]{\frac{16}{\pi} \cdot \frac{WL}{\sigma_a}} = \sqrt[3]{\frac{16 \times 4.5 \times 10^3 \times 50}{3.14 \times 40}} = 30.6\ \mathrm{mm}$$

したがって，幅径比 $\dfrac{L}{d}$ が「最大」かつ強度上最適な軸受内径 d は $\underline{32\ \mathrm{mm}}$ である．

（3）**解答**

C
⑥

解説

設問（1）および（2）の解答より，軸受圧力 p［MPa］は

$$p = \frac{W}{dL} = \frac{4.5 \times 10^3}{32 \times 50} = \underline{2.81\ \mathrm{MPa}}$$

[4. 流体工学]

1 解答

(1)

A	B	C	D	E
③	②	①	④	⑥

(2)

F	G
⑤	⑨

(3)

H	I	J	K	L	M
⑦	⑩	⑬	⑭	⑳	⑲

2 解答

(1)	(2)	(3)
A	B	C
③	④	④

解説

(1) ベルヌーイの定理より,

$$\frac{\rho v_a^2}{2} + p_a = \frac{\rho v_b^2}{2} + p_b \quad \cdots\cdots\cdots \text{(1)}$$

v：流体の速度［m/s］

ρ：流体の密度［kg/m^3］

p：流体の圧力［Pa］

$v_b = 0$, $p_b - p_a = \rho gh$ より, (1) 式は

$$v_a = \sqrt{2gh} = \sqrt{2 \times 9.8 \times 0.196} = \underline{1.96\ \text{m/s}}$$

(2) 連続の式より,

$$A_a v_a = A_b v_b$$

A：断面積［m^2］

$$v_b = \frac{A_a}{A_b} v_a = \frac{0.2^2}{0.1^2} \times 1.96 = \underline{7.84\ \text{m/s}}$$

(3) 質量流量は,

$$G = \rho A v = 1\,000 \times \frac{\pi}{4} \times 0.2^2 \times 1.96 = \underline{61.5\ \text{kg/s}}$$

[8. 工 作 法]

1 解答

(1)				(2)				(3)		(4)	(5)		(6)
A	B	C	D	E	F	G	H	I	J	K	L	M	N
②	①	②	①	⑩	④	⑱	⑭	⑥	⑤	⑬	⑰	⑫	⑨

解説

切削による穴あけ加工に関しての設問である．切削加工では頻繁に使われる加工なので，過去にも一部似た問題が出題されている．

（1），（2）は，最も利用頻度の高いドリルによる加工についてである．ツイストドリルのねじれ角は旋盤作業で使われるバイトのすくい角に相当する．ねじれ角を大きくするということはすくい角を大きくすることであり，切れ味は向上する．展延性のある，ねばい材料には当然すくい角の大きな（ねじれ角の大きな）工具を使用する．先端角を小さくすると推力は小さくなるが，トルクは大きくなる．合金鋼のような強靭で硬い材料に対しては，トルクを減じ，ドリルのねじれ剛性を確保するために，先端角は大きなものを採用する．

（3），（4）は，中ぐり加工であり，ドリル穴の拡大と内部穴の精度向上の目的で使われる．日本ではドリルによる穴あけを行う工作機械をボール盤と呼んでいるが，boring machine は本来中ぐり盤のことであり，日本のボール盤は正式には drilling machine ということになる．小物部品の中ぐり加工には旋盤も用いられるが，中型または大型の工作物の中ぐり加工には横中ぐり盤が使用される．また，治具など精密な穴間隔や穴精度を必要とする中ぐり加工にはジグ中ぐり盤という工作機械が使われれる．これは縦軸のものが一般的である．

（5），（6）は，深い穴の切削加工を行う方法である．銃身のような深穴を加工するドリルがガンドリルである．切削油剤を切れ刃部に供給するために中空穴を有している．穴の直径が大きなときにはトレパニング加工を採用することもできる．この種の加工法はトンネル掘削などの土木工事でも使われている．

2 解答

A	B	C	D	E	F	G	H	I	J	K
⑥	⑦	④	⑧	②	⑩	①	⑨	⑪	③	⑤

解説

【A】鋼球やガラスビーズなどを工作物に噴射して表面を加工する方法をショットブラスト

と呼んでいるが，特に表面の圧縮残留応力を相殺することで疲労強度を向上する目的で使われるのがショットピーニングである．

【B】ホーニングはエンジンのシリンダや油圧シリンダの内面の精密仕上げに用いられるが，砥石と加工物の相対運動によってあや目（クロスハッチ）の仕上げ面となり，これが潤滑油の保持に役立つことになる．

【C】放電エネルギーを利用した放電加工には，型彫り放電加工とワイヤカット放電加工があるが，いずれにしても抜き型の加工によく使われる．焼入れされた鋼や超硬合金などの硬い材料の複雑形状加工に用いられる．

【D】電解作用による加工には様々な形態があるが，研削加工に応用したものが電解研削である．砥石と工作物を電極として電解研削により能率研削を行い，最後に電気を切断して砥石で機械研削を行うことで精度を出す複合電解研削も行われる．

【E】電子ビームを利用した加工は溶接などに用いられるが，ビームを小さく絞ることで高硬度材料の微細穴あけ加工や切断ができる．

【F】不活性ガスで空気と遮断した雰囲気でアーク溶接を行う方法がイナートガス溶接であるが，電極が消耗しない溶接にTIG溶接がある．消耗電極としてワイヤを使うものがMIG溶接である．

【G】精密鋳造法には様々な方法があるが，インベストメント法はロストワックス法とも呼ばれ，模型にロウを利用するものである．

【H】Ⅱ群の⑨にあるすえ込み鍛造とは，材料を長さ方向に加圧圧縮させることで横方向に広げる加工法である．すえ込み加工法はスエージとも呼ばれる．似た言葉にロータリースエージ加工がある．これは丸棒の外周に回転する工具を打ちつけながら，径を小さくしていくことで形状を形成する加工法である．

【I】おねじは切削加工で加工できるが，量産ということになれば塑性加工である転造にはかなわない．転造という加工法はおねじ加工から始まったともいわれるほど関係は深い．

【J】プレスによる塑性加工の一形態が曲げ加工である．加工後，ポンチを引き上げ曲げ力を除去すると，素材の弾性によって変形が少し戻るスプリングバックという現象が生じる．精度の観点で課題が出るときには型形状や加圧力の管理が必要となる．

【K】粉末冶金法は材料粉末を型にいれて加圧した後，加熱による焼結で所定の形状の製品を製作する方法である．金属粉末を製作する一つの方法にアトマイジング法がある．これは金属の溶湯をるつぼ底部の小孔から流出させて細流とし，これに高速の空気，窒素，アルゴン，水などを吹き付けることで，溶湯を飛散，急冷凝固させて粉末をつくるものである．

[9. 機械製図]

1 解答

A	B	C	D	E	F	G	H	I
③	④	③	②	①	③	④	②	③

解説

機械製図に関する事柄について問う問題である.

間違えている箇所にはアンダーラインを引き，正しい語句を文末の（　）内に示す.

【A】製図用紙について

① 機械製図で用いられる用紙の大きさは，A1 ～ A5 である.（A0 ～ A4）〔**表 1** 参照〕

② 製図用紙は，長辺を横方向，縦方向のいずれに置いて用いても良い.（長辺を横方向に置いて用いるが，A4 に限って長辺を縦方向に置いても良い）〔**図 1** 参照〕

③ 図面の輪郭線は，0.5 mm 以上の太さで描く.

④ 図面をとじ込んで使用するとき，とじしろを用紙の右側に設ける.（左側）〔図 1 参照〕

したがって，③が正答である.

表 1　製図用紙の大きさと図面の輪郭　　（単位 mm）

<table>
<tr><th colspan="2">A 列サイズ</th><th colspan="4">延長サイズ</th><th rowspan="3">c
（最小）</th><th colspan="2">d（最小）</th></tr>
<tr><th colspan="2">第 1 優先</th><th colspan="2">第 2 優先</th><th colspan="2">第 3 優先</th><th rowspan="2">とじない場合</th><th rowspan="2">とじる場合</th></tr>
<tr><th>呼び方</th><th>寸法 $a \times b$</th><th>呼び方</th><th>寸法 $a \times b$</th><th>呼び方</th><th>寸法 $a \times b$</th></tr>
<tr><td>A 0</td><td>841×1189</td><td></td><td></td><td>A 0×2
A 0×3</td><td>1189×1682
1189×2523(1)</td><td rowspan="2">20</td><td rowspan="2">20</td><td rowspan="5">20</td></tr>
<tr><td>A 1</td><td>594×841</td><td rowspan="2"></td><td rowspan="2"></td><td>A 1×3
A 1×4</td><td>841×1783
841×2378(1)</td></tr>
<tr><td>A 2</td><td>420×594</td><td>A 2×3
A 2×4
A 2×5</td><td>594×1261
594×1682
594×2102</td><td rowspan="3">10</td><td rowspan="3">10</td></tr>
<tr><td>A 3</td><td>297×420</td><td>A 3×3
A 3×4</td><td>420×891
420×1189</td><td>A 3×5
A 3×6
A 3×7</td><td>420×1486
420×1783
420×2080</td></tr>
<tr><td>A 4</td><td>210×297</td><td>A 4×3
A 4×4
A 4×5</td><td>297×630
297×841
297×1051</td><td>A 4×6
～
A 4×9</td><td>297×1261
～
297×1892</td></tr>
</table>

注 (1) このサイズは，取扱い上の理由で使用を推奨できない，としている.

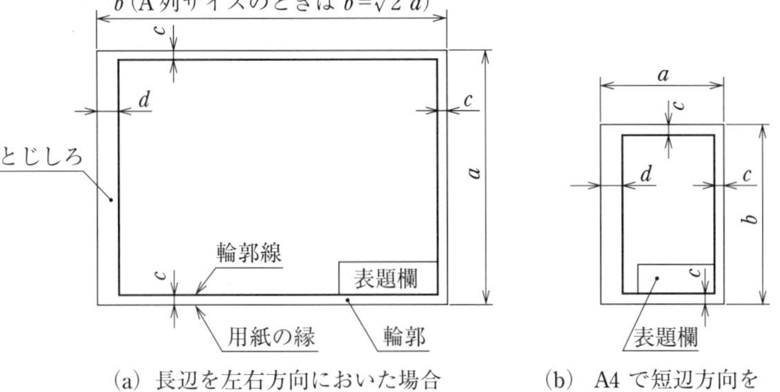

(a) 長辺を左右方向においた場合

(b) A4で短辺方向を左右方向においた場合

図1　製図用紙の配置

【B】製図に用いる線について

① 品物の見えない部分の形状を表すかくれ線は，細い実線で表す．（破線）

② 切断線は，不規則な波形の細い実線，またはジグザグ線で示す．（破断線）

③ 断面図の切り口を示すスマッジングは，細い実線で規則的に並べたもので示す．（ハッチング）

④ 可動部分を，移動中の特定の位置または移動の限界の位置で表す想像線は細い二点鎖線で示す．

したがって，④が正答である．

【C】特殊指定線について

図2に示す，面の一部に特殊な加工を施す必要がある場合に用いられる線を特殊指定線といい，太い一点鎖線で描く．

したがって，③が正答である．

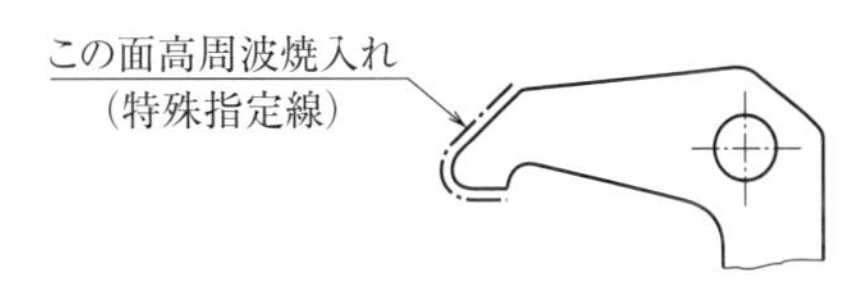

図2　加工･処理の図示

【D】寸法記入法について

① 寸法は，各投影図に出来る限り細かく，重複して寸法を記入するのが良い．（重複しないように）

② 寸法は，なるべく計算して求める必要がないように記入するのが良い．

③ 寸法は，一つの投影図に集中せず，各投影図に均等に分散して記入するのが良い．（なるべく主投影図に集中して）

④ 寸法数値は，同一図面では一定の大きさで記入する方が望ましいが，狭小部では小さく，拡大図では大きく記入しても良い．（狭小部も，拡大図も一定の大きさで記入する

のが良い.)

したがって，②が正答である.

【E】 幾何公差の公差記入枠について

幾何公差を図示するには，**図3**に示すように公差記入枠の中に，幾何特性の記号，公差値を順に記入する．また，必要ならばデータムなどを公差値の後に記入する.

したがって，①が正答である.

図3 公差記入枠

【F】 寸法記入法について

① 直列寸法記入法は，基準となる部分からの個々の寸法を，寸法線を並べて記入する方法をいう.（並列）

② 並列寸法記入法は，個々の部分の寸法を，それぞれ次から次に記入する寸法をいう.（直列）

③ 累進寸法記入法は，基準となる部分からの個々の部分の寸法を，共通の寸法線を用いて記入する方法をいう.

④ 累積寸法記入法は，個々の部分の寸法を，逐次累積して記入する寸法をいう.（累積寸法記入法の用語は，JIS規格に規定はない.）

したがって，③が正答である.

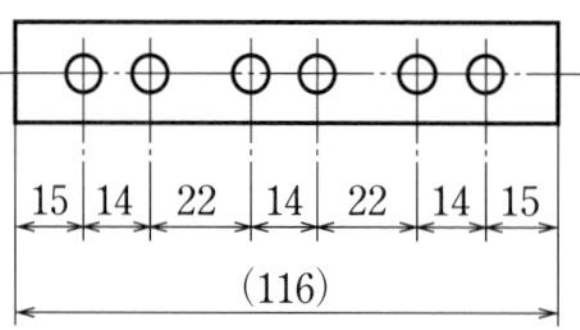

図4 直列寸法記入法

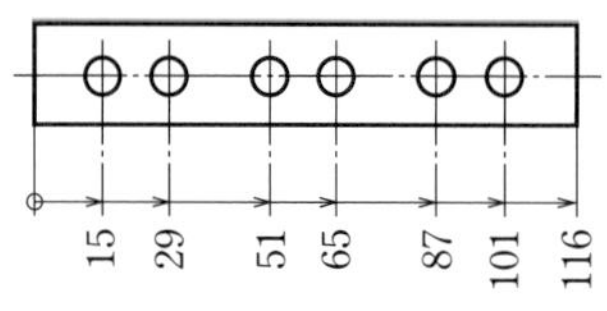

図6 累進寸法記入法

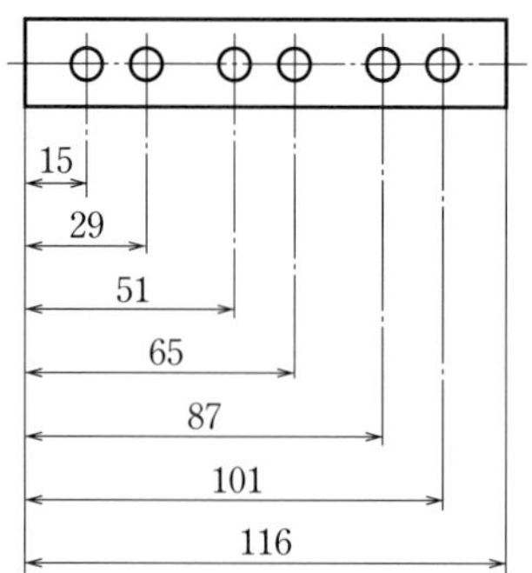

図5 並列寸法記入法

【G】 **図7**に示す非比例寸法について

寸法数値の下に太い実線が引かれている数値は，一部の図形が寸法数値に比例しない場合に用いられる記号で，非比例寸法という．

したがって，④が正答である．

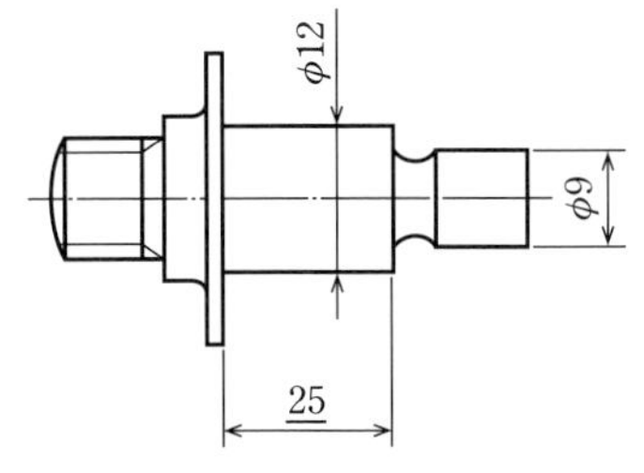

図7 非比例寸法

【H】 ねじについて

① ねじを一回転したとき，ねじ状の一点が軸方向に進む距離をピッチという．（リード）

② ねじの種類を表す記号Gは，管用平行ねじを示す．

③ 締付けボルトの種類には，通しボルト，植込みボルト，押さえボルトがあり，いずれもナットで締め付けて使用する．（押さえボルトはナットを使用しない．）

④ めねじとおねじとがはまりあう部分は，めねじを優先して製図する．（おねじ）

したがって，②が正答である．

【I】ねじ製図におけるめねじの寸法記入について

図8は，メートル並目ねじ，呼び径12 mm，ねじ下穴径10.2 mm，ねじ切り深さ16 mm，下穴深さ20 mmである．

したがって，③が正答である．

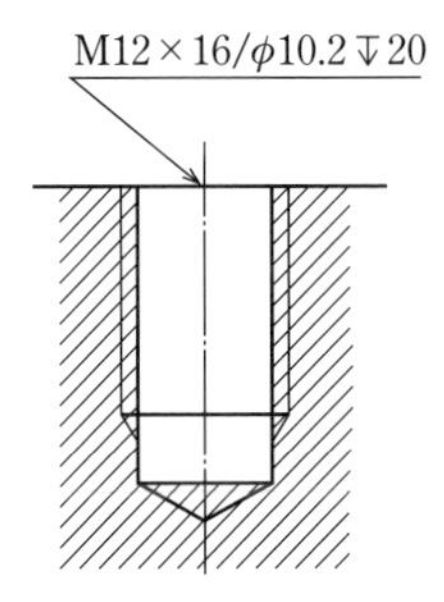

図8 めねじの寸法記入

平成30年度 問題Ⅰ 解答・解説

2 解答

A	B	C	D	E
①	①	②	③	②

解説

「歯車製図の図示方法」と「キー溝の寸法記入法」に関する問題である．

（1）歯車の図示法は，JIS B 0003の「歯車製図」に規定されている．歯車は，**図9**に示すように略画法によって製図する．歯車は，一般に軸に直角な方向から見た図を主投影図に選ぶ．主投影図・側面図とも歯先の線は太い実線，基準円は細い一点鎖線でかく．歯底円は細い実線でかくが，側面図では省略してもよい．主投影図を断面図示するときは，歯は切断せずに歯底の線を太い実線でかく．

したがって，【A】は①が正答である．

（2） **図 10** のように，はすば歯車などで歯すじの方向を示すには，主投影図に通常 3 本の細い実線でかく．主投影図が断面図示されているときの歯すじ方向は，外はすば歯車では紙面より手前の歯の歯すじ方向を 3 本の細い二点鎖線でかき，内はすば歯車では 3 本の細い実線でかく．

したがって，【B】は①が正答である．

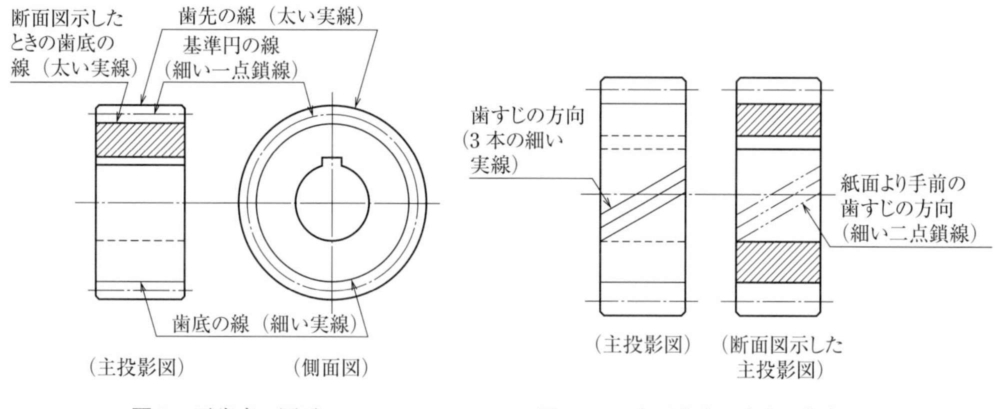

図 9 平歯車の図示

図 10 はすば歯車の歯すじ方向の図示

（3） キー溝の長円の穴の寸法記入は，半径の寸法が他の寸法から導かれる場合には，半径を示す寸法線及び数値なしの記号（*R*）によって**図 11** のように指示する．

したがって，【C】は②が正答である．

（4） 穴のキー溝の深さは，**図 12** に示すようにキー溝と反対側の穴径面からキー溝の底までの寸法で表す．

したがって，【D】は③が正答である．

（5） 軸のキー溝の深さは，**図 13** に示すようにキー溝と反対側の軸径面からキー溝の底までの寸法で表す．

したがって，【E】は②が正答である．

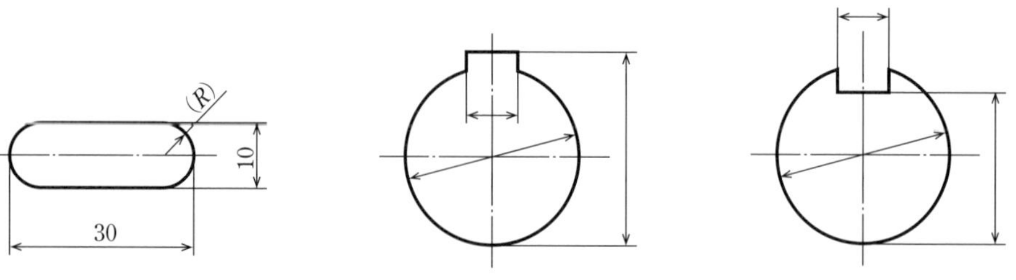

図 11 長円の穴の寸法表示　**図 12** 穴のキー溝の寸法表示　**図 13** 軸のキー溝の寸法表示

3 解答

A	B	C	D	E	F	G	H	I	J
⑧	⑥	④	⑧	⑦	③	⑫	⑩	③	④

解説

サイズ公差とはめあいの用語に関する問題である．

サイズ公差の表記は，JIS B 0401 - 1：2016 にて改正された．サイズ公差に関係する用語と定義を**表 2** に示す．また，旧 JIS B 0401 - 1 の用語を対比して表の右側に示す．

穴と軸のサイズ公差および許容差の関係を，**図 14** に示す．

表 2 サイズ公差の用語と定義

用　語	定　　義	記　号		旧規格JIS B 0401-1.1998 用語
		穴	軸	
図示サイズ	図示によって定義された完全形状の形体のサイズ	C	c	基準寸法
上の許容サイズ	サイズ形体において，許容のできる最大のサイズ	A	a	最大許容寸法
下の許容サイズ	サイズ形体において，許容のできる最小のサイズ	B	b	最小許容寸法
サイズ公差	上の許容サイズと下の許容サイズとの差	$T=A-B$	$t=a-b$	寸法公差
上の許容差	上の許容サイズから図示サイズを減じたもの	$D=A-C$	$d=a-c$	上の寸法許容差
下の許容差	下の許容サイズから図示サイズを減じたもの	$E=B-C$	$e=b-c$	下の寸法許容差

※サイズ形体：長さ又は角度に関わるサイズによって定義された幾何学的形状

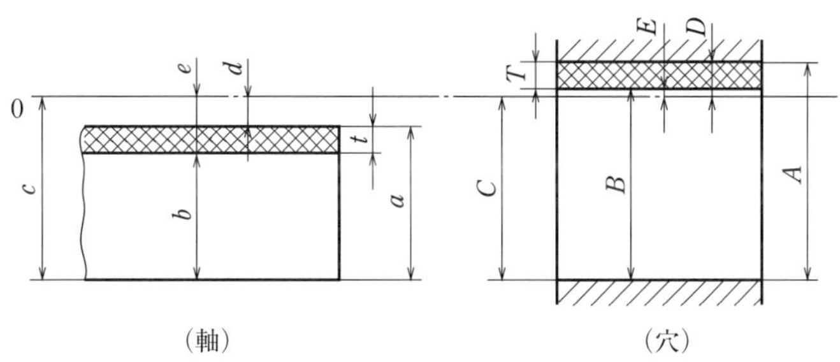

図 14 穴と軸のサイズ公差および許容差

穴寸法が「φ 80H7（+ 0.030/0）」の場合，

この穴における 図示サイズ（旧 JIS 基準寸法）は 80.000 mm である．

【A】上の許容サイズ（旧 JIS 最大許容寸法）は 80.030 mm

【B】下の許容サイズ（旧 JIS 最小許容寸法）は 80.000 mm

【C】サイズ公差（旧 JIS 寸法公差）は，0.030 mm である．

軸寸法が「φ 80m6（+ 0.030/ + 0.011）」の場合，

この軸における　図示サイズ（旧 JIS 基準寸法）は 80.000 mm である．

【D】上の許容サイズ（旧 JIS 最大許容寸法）は 80.030 mm

【E】下の許容サイズ（旧 JIS 最小許容寸法）は 80.011 mm

【F】サイズ公差（旧 JIS 寸法公差）は，0.019 mm である．

【G】穴が H7 と軸が m6 のはめあいの状態は，すきま または しめしろのどちらかができるはめあいで中間ばめである．

【H】はめあい方式は，穴の下の許容差が零である H 記号を用いているので，穴基準はめあい方式である．

最大すきまと最大しめしろは，以下の通りである．

【I】最大すきま　＝ 穴の上の許容サイズ　－　軸の下の許容サイズ

80.030 mm － 80.011 mm　＝　0.019 mm

【J】最大しめしろ ＝ 軸の上の許容サイズ　－ 穴の下の許容サイズ

80.030 mm － 80.000 mm　＝　0.030 mm

4　解答

A
④

解説

問題は，**図 15** に表される正投影図に該当する立体図を**図 16** の①～④より選択する．

正面図に対応する立体図を考えると，④である．

したがって，④が正答である．

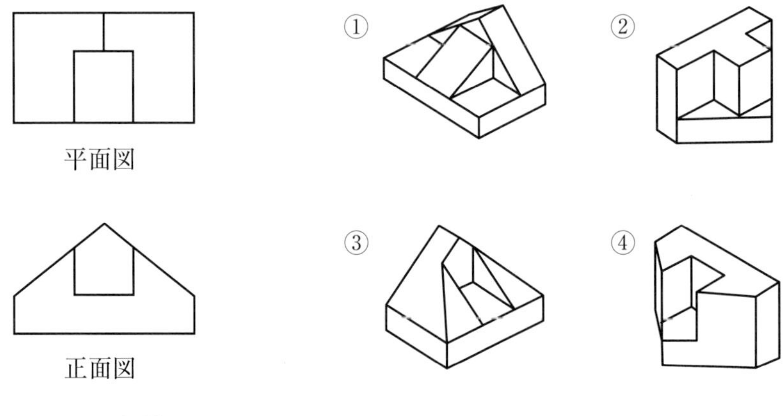

図 15　正投影図　　**図 16**　立体図

5 解答

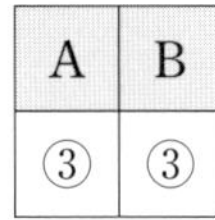

A	B
③	③

解説

溶接継手における溶接記号の記入法に関する問題である．

溶接部の記号および表示方法は，JIS Z 3021 溶接記号で規定されている．溶接記号は，溶接部の形状を表す基本記号（**表 3**）と溶接部の表面形状や仕上方法を表す補助記号（**表 4**）で指示する．

溶接記号は，**図 17** に示すように，基線，矢および尾で構成され，必要に応じて寸法を添え，尾を付けて補足的な指示をする．尾は必要なければ省略できる．基線は水平線で溶接記号や寸法をかく，矢は溶接部を指示するもので，基線に対しなるべく 60° の直線で描く．

レ形，J 形，レ形フレアなど非対称な溶接部において，開先をとる部材の面またはフレアのある部材の面を指示する必要のある場合は，**図 18** に示すように矢を折線とし，開先をとる面またはフレアのある面に矢の先端を向ける．

溶接部記号の基本記号の指示方法は，図 18 に示すように溶接する側が矢の側または手前側のときには基線の下側に，矢の反対側または向こう側を溶接するときには基線の上側に密着して記入する．

表 3　基本記号

溶接の種類と記号				
	矢の反対側または向こう側	矢の側または手前側		両　側
I 形開先			I　形（両面）	
V 形開先			X 形開先	
レ形開先			K 形開先	
J 形開先			両面 J 形開先	
U 形開先			H 形開先	
V 形フレア溶接			X 形フレア溶接	
レ形フレア溶接			K 形フレア溶接	
へり溶接				
すみ肉溶接			連続（両面）	
プラグ溶接または スロット溶接				
ビード溶接				
肉盛溶接				
キーホール溶接				
スポット溶接 プロジェクション溶接			の記号を用いてもよい	
シーム溶接			の記号を用いてもよい	
スカーフ継手				
スタッド溶接				

注）水平な細い点線は基線を示す　　　　(JIS Z 3021－2010による)

表 4　補助記号

区　　分		補助記号	備　　考
溶接部の表面形状	平ら仕上げ 凸形仕上げ へこみ仕上げ 止端仕上げ		基線から外に向かって凸とする． 基線の外に向かってへこみとする．
溶接部の仕上方法	チッピング グラインダ 切　削 研　磨	C G M P	
裏波溶接 裏当て 全周溶接 現場溶接			裏当ての材料，取り外しなどを指示するときは，尾に記載する．

(JIS Z 3021－2010による)

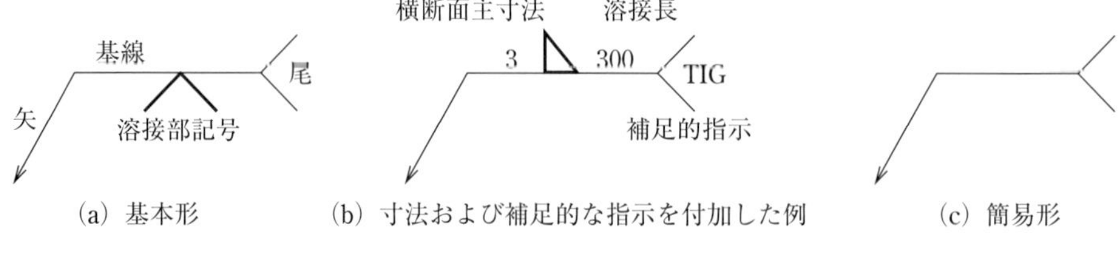

図 17　溶接記号の構成

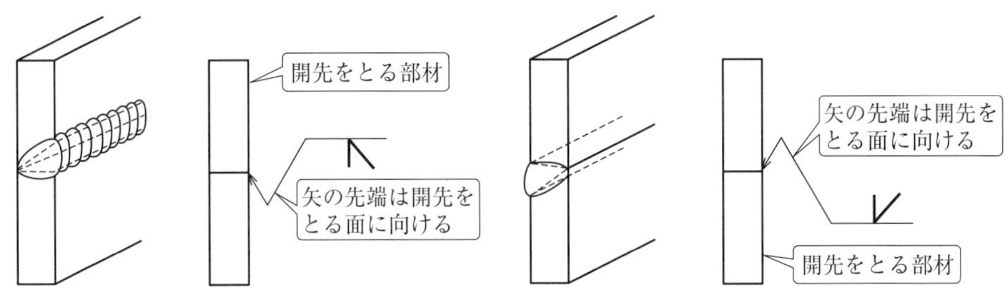

(a) 矢の側または手前側の溶接　　(b) 矢の反対側または向こう側の溶接

図 18　基本記号の指示方法

【A】問題は，レ形フレア溶接の例である（**図 19**）．溶接部において溶接するフレア面を指示する必要があるので，矢を折線とし，フレア面に矢の先端を向ける．溶接する側が矢の反対側または向こう側を溶接するときには，溶接部記号の基本記号は基線の上側に密着して記入する．また，レ形フレア面の溶接部記号の基本記号は，表3より記号 ...|(... を記入する．

したがって，③が正答である（**図 20**）．

【B】問題は，すみ肉溶接で開先をK形にとったK形開先溶接である（**図 21**）．溶接部において開先をとる部材を指示する必要があるので，矢を折線とし，開先をとる面に矢の先端を向ける．K形開先溶接するとき，溶接部記号の基本記号は表3より記号 ---K--- を記入する．

したがって，③が正答である（**図 22**）．

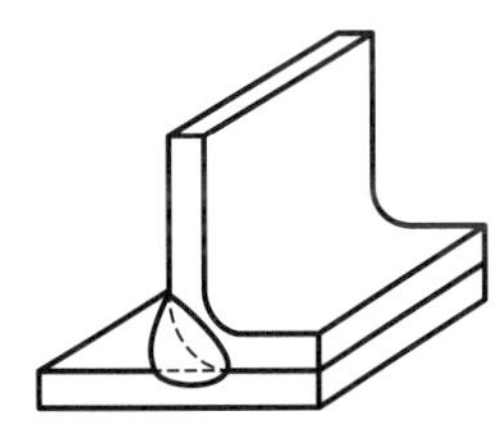

図 19　レ形フレア溶接の実形図

③

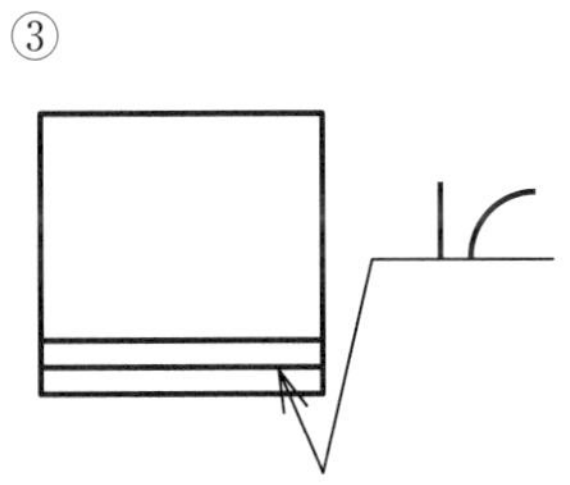

図 20　レ形フレア溶接の解答例

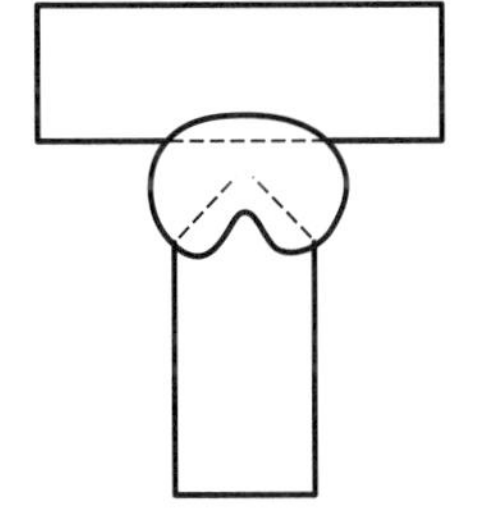

図 21　K形開先溶接の実形図

③

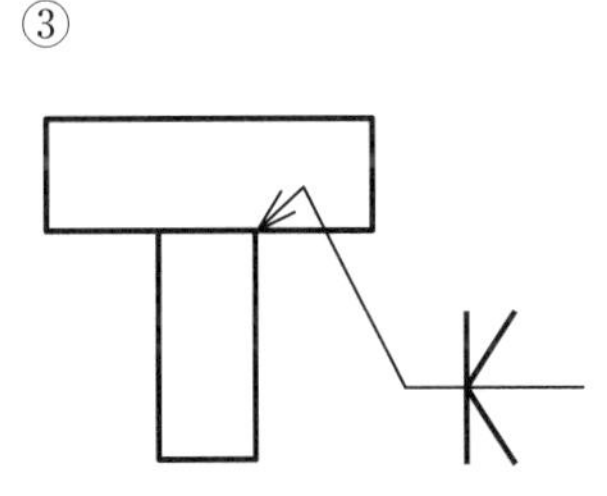

図 22　K形開先溶接の解答例

平成30年度 問題Ⅰ 解答・解説

平成 30 年度　3 級　試験問題Ⅱ　解答・解説

（2. 材料力学　3. 機械力学　5. 熱工学　6. 制御工学　7. 工業材料）

［2. 材料力学］

1 解答

A	B	C	D
⑥	⑧	④	⑥

解説

（1） 軟鋼の縦弾性係数は，E = 206 GPa

（2） 棒の横断面積はAである．棒の下端から長さxの部分の体積は$V = Ax$で表される．よって，この部分の質量は$M = V\rho$ となり，重量は$W = Mg = A\rho gx$となる．

下端からの距離xの断面に作用する応力σ_xは重量Wを横断面積Aで除して求められる．

$\sigma_x = \rho gx$ ……… (1)

$x = 1.0 \times 10^3$ m のときの応力を求めればよいから，

$\sigma_x = 7.9 \times 10^3 \times 9.8 \times 1.0 \times 10^3 = 77.4 \times 10^6\ \mathrm{N/m^2}$ = 77 MPa

（3） 前問（2）の解答からわかるように，下端 B からxだけ離れた位置の応力σ_xは，xの関数になっている．フックの法則を用いれば，ひずみ$\varepsilon_x = \sigma_x/E$であるから，

長さdxの部分の伸び$d\lambda$は，$d\lambda = \varepsilon_x\,dx = \dfrac{\sigma_x\,dx}{E} = \dfrac{\rho gx\,dx}{E}$

全長 0 ～ ℓ にわたって$d\lambda$を積分すれば，全体の伸びが下記のように求められる．

$$\lambda = \int d\lambda = \int_0^{\ell} \frac{\rho gx\,dx}{E} = \frac{\rho g}{E}\left[\frac{x^2}{2}\right]_0^{\ell} = \frac{\rho g\,x^2}{2E}$$

$\ell = 2.0 \times 10^3$ であるから，

$$\lambda = \frac{7.9 \times 10^3 \times 9.8 \times (2.0 \times 10^3)^2}{2 \times 206 \times 10^9} = 0.751 \cong 0.75\ \mathrm{m}$$

（4） 前問（2）の式 (1) が材料の引張り強さσ_Bを超えない長さを求めればよいから，

$\sigma_{max} = \rho g\ell_{max} \leq \sigma_B$ となる．

よって，

$$\ell_{max} \leq \frac{\sigma_B}{\rho g} = \frac{450 \times 10^6}{7.9 \times 10^3 \times 9.8} = 5.81 \times 10^3 = \underline{5.8 \times 10^3 \text{ m}}$$

2 解答

A	B	C	D
②	⑥	⑦	④

解説

（1）軟鋼の横弾性係数 G = 80 GPa

（2）中実丸軸の極断面二次モーメントは，次式で与えられる．

$$I_P = \frac{\pi d^4}{32}$$

（3）AC 部の受け持つねじりモーメントを T_A とし，BC 部の受け持つねじりモーメントを T_B とすると，次式が成り立つ．

$$T_A + T_B = T \quad \cdots\cdots (1)$$

AC 部の極断面二次モーメントを I_{PA} とし，ねじれ角を θ_A とする．また，BC 部の極断面二次モーメントを I_{PB} とし，ねじれ角を θ_B とする．θ_A および θ_B は次式で表される．

$$\theta_A = \frac{T_A a}{G I_{PA}} \qquad \theta_B = \frac{T_B b}{G I_{PB}} \quad \cdots\cdots (2)$$

C 部で両者は連続しているから，$\theta_A = \theta_B$ である．

$$\theta_A = \frac{T_A a}{G I_{PA}} = \theta_B = \frac{T_B b}{G I_{PB}} \quad \cdots\cdots (3)$$

よって，

$$\frac{T_A a}{I_{PA}} = \frac{T_B b}{I_{PB}} \qquad \therefore T_A = \frac{T_B I_{PA} b}{I_{PB} a} \quad \cdots\cdots (4)$$

式（4）を式（1）に代入して，

$$\frac{T_B I_{PA} b}{I_{PB} a} + T_B = T \qquad \therefore T_B = \frac{a I_{PB} \cdot T}{a I_{PB} + b I_{PA}} \quad \cdots\cdots (5)$$

極断面二次モーメントの I_{PA}，I_{PB} を求める．

$$I_{PA} = \frac{\pi d_a^4}{32} = \frac{\pi \times (40 \times 10^{-3})^4}{32} = \frac{\pi \times 256 \times 10^{-8}}{32} = 8\pi \times 10^{-8}$$

$$I_{PB} = \frac{\pi d_b^4}{32} = \frac{\pi \times (30 \times 10^{-3})^4}{32} = \frac{\pi \times 81 \times 10^{-8}}{32} = 2.531\pi \times 10^{-8}$$

これらを式（5）に代入して，

$$T_B = \frac{0.6 \times 2.531\pi \times 10^{-8} \times 250}{0.6 \times 2.531\pi \times 10^{-8} + 0.4 \times 8\pi \times 10^{-8}} = 80.46 \cong \underline{80\ \mathrm{N \cdot m}}$$

（4）式（2）を用いて，

$$\theta_B = \frac{T_B\, b}{G\, I_{PB}} = \frac{80.46 \times 0.4}{80 \times 10^9 \times 2.531\pi \times 10^{-8}} = 0.005059 \cong \underline{5.1 \times 10^{-3}\ \mathrm{rad}}$$

3 解答

A	B	C	D
⑤	①	⑦	⑩

解説

（1）力の釣り合い式は，

$$W = R_A + R_B \quad \cdots\cdots\cdots (1)$$

点Aに関するモーメントの釣り合い式は

$$W \cdot a = R_B \cdot \ell \quad \cdots\cdots\cdots (2)$$

したがって

$$R_B = \frac{W \cdot a}{\ell} = \frac{100 \times 10^3 \times 1.8}{3.1} = 58.06 \times 10^3 \cong \underline{58\ \mathrm{kN}}$$

（2）このはりに作用する最大曲げモーメント M_{max} は，

$$M_{max} = R_B \times b = R_A \times a = \frac{100 \times 10^3 \times 1.8 \times 1.3}{3.1} = 75.48 \times 10^3 \cong \underline{75\ \mathrm{kN \cdot m}}$$

（3）高さ h，幅 b の長方形断面部材の断面二次モーメント $bh^3/12$ から空白部分の断面二次モーメントを減ずれば，求める解が得られる．

$$I_Z = \frac{b_1 h^3}{12} - \frac{(b_1 - b_2) \times (h - 2h_1)^3}{12}$$

$$= \frac{100 \times 10^{-3} \times (120 \times 10^{-3})^3}{12} - \frac{(100 - 15) \times 10^{-3} \times [(120 - 20) \times 10^{-3}]^3}{12}$$

$$= \frac{1.728 \times 10^{-4}}{12} - \frac{85 \times 10^{-3} \times 10^{-3}}{12} = 0.0732 \times 10^{-4} \cong \underline{73 \times 10^{-7}\ \mathrm{m}^4}$$

（4）断面係数 Z は，はりの中立軸からの距離 $e = \dfrac{h}{2} = 60\ \mathrm{mm}$ であることを考慮すると，

$$Z = \frac{73.2 \times 10^{-7}}{60 \times 10^{-3}} = 1.22 \times 10^{-4}\,\mathrm{m}^3$$

最大曲げ応力は，

$$\sigma_{\max} = \frac{M_{\max}}{Z} = \frac{75.5 \times 10^3}{1.22 \times 10^{-4}} = 61.89 \times 10^7 \cong \underline{619\ \mathrm{MPa}}$$

[3. 機械力学]

1 解答

A	B
②	②

解説

（1） 張力 T の z 座標成分を T_z とすると，

$$T_z = \frac{T \times \mathrm{AS}}{\mathrm{AD}} \times \frac{\mathrm{OS}}{\mathrm{AS}} = \frac{T \times \mathrm{OS}}{\mathrm{AD}}$$

$$= \frac{T \times 0.3}{\sqrt{0.6^2 + 0.5^2 + 0.3^2}} \fallingdotseq T \times 0.36$$

O 点回りの回転モーメントのつり合いより

$$2 \times T_z \times 0.6 = mg \times 0.8$$

$$2 \times (T \times 0.36) \times 0.6 = 80 \times 9.8 \times 0.8$$

これより

$$T \fallingdotseq \underline{1\,452\ \mathrm{N}}$$

（2） 張力 T の y 座標成分を T_y とすると，

$$T_y = \frac{T \times \mathrm{AS}}{\mathrm{AD}} \times \frac{\mathrm{AO}}{\mathrm{AS}} = \frac{T \times \mathrm{AO}}{\mathrm{AD}}$$

$$= \frac{1\,452 \times 0.6}{\sqrt{0.6^2 + 0.5^2 + 0.3^2}} \fallingdotseq 1\,452 \times 0.72 = 1\,045$$

支点反力 R は

$$R = 2 \times T_y = 2 \times 1\,045 = \underline{2\,090\ \mathrm{N}}$$

2 解答

A	B	C
②	①	②

解説

（1） 伝達動力 L は，トルクを T [N·m]，角速度を ω [rad/s] とすると次式で求められる．

$$L = T \cdot \omega \quad [\mathrm{W}]$$

ここで ω は，回転速度を n [min^{-1}] とすると，

$$\omega = \frac{2\pi n}{60} \ \text{[rad/s]}$$

よって

$$T = \frac{60L}{2\pi n} \ \text{[N·m]}$$

（2） 上式に数値を代入して計算する．

$$T = \frac{60 \times 12\,000}{2 \times \pi \times 110} \fallingdotseq \underline{1\,042\ \text{N·m}}$$

（3） リーマボルト取付穴の接線方向に作用する力 F は，取付穴中心円の直径を D とすると

$$F = \frac{T}{\frac{D}{2}} = \frac{1\,042}{0.08} = 13\,025\ \text{N}$$

ボルト 1 本当たりの接線力を F_0 とすると

$$F_0 = \frac{F}{4} \fallingdotseq \underline{3\,256\ \text{N}}$$

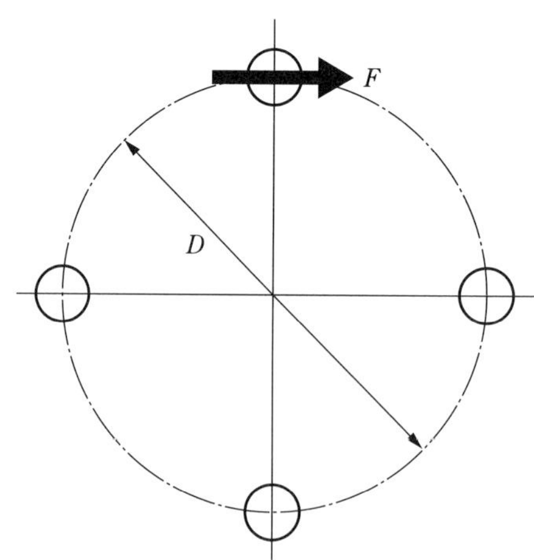

3 解答

A	B	C	D
②	①	③	④

解説

（1） B 点に作用する力 F は，A 点回りのモーメントのつり合いより（$P = mg$）

$$F \cdot L = P \cdot a$$

$$F = \frac{aP}{L}$$

（2） B 点の変位を u とすると，ばね定数 k から

$$u = \frac{F}{k} = \frac{aP}{kL}$$

C 点の変位を δ とすると，$L : a = u : \delta$ であるから

$$\delta = \frac{a \times u}{L} = \frac{a}{L} \times \frac{aP}{kL} = \frac{a^2 P}{L^2 k}$$

（3） はり AB について，はりのばね定数を K とすると，$P = K\delta$ なので

$$K = \frac{P}{\delta} = \frac{L^2 k}{a^2 P} \times P = \frac{L^2 k}{a^2}$$

（4） 固有振動数 f_n は

$$f_n = \frac{1}{2\pi}\sqrt{\frac{K}{m}} = \frac{1}{2\pi}\sqrt{\frac{L^2 k}{ma^2}}$$

平成30年度 問題Ⅱ 解答・解説

[5. 熱 工 学]

1 解答

(1)		(2)		(3)		(4)			
A	B	C	D	E	F	G	H	I	J
①	④	⑥	⑩	⑬	⑮	②	③	⑤	②

解説

（1）kWh は 1 kW の電力で 1 時間使用したときの電力量すなわち仕事量を表し，この問題では 1.5 kW のヒーターで 5 時間入れ続けたので，

$1.5\,\text{kW} \times 5\,\text{h} = \underline{7.5\,\text{kWh}}$

で表される．これをジュールで表すと，W = J/s であるから，

$7.5\,\text{kJ/s} \times 3600\,\text{s} = 27\,000\,\text{kJ}$

となり，MJ で表すと 27 MJ となる．

（2）ヒートポンプの動作係数 ε_h は，ヒートポンプの成績係数 COP とも言い，高温側に放出する熱量を Q_h，ヒートポンプに供給する動力を L とすると，

$$\underline{\varepsilon_h = \frac{Q_h}{L}} \quad \cdots\cdots\cdots\cdots\cdots \quad (1)$$

で定義される．また，低温側から熱量 Q_c を吸収したとすると，熱力学第 1 法則より動力 L は放出した Q_h から吸収した Q_c の差に等しく，$L = \underline{Q_h - Q_c}$ となる．

（3）これを（1）式に代入し，さらに，カルノーサイクルより

$\underline{\dfrac{Q_c}{Q_h} = \dfrac{T_c}{T_h}}$ が成り立ち，

$$\varepsilon_h = \frac{Q_h}{Q_h - Q_c} = \frac{1}{1-\dfrac{Q_c}{Q_h}} = \frac{1}{1-\dfrac{T_c}{T_h}} = \underline{\frac{T_h}{T_h - T_c}} \quad \cdots\cdots\cdots\cdots\cdots \quad (2)$$

より，温度だけで ε_h を求めることができる．

（4）T は絶対温度であることに注意し，（2）式に

$T_h = 273 + 20 = 293,\ T_c = 273 + 0 = 273$

を代入すると，$\varepsilon_h = \underline{14.65}$ が得られ，これを，（1）式に代入することにより，$Q_h = 14.65 \times 1.5$

$= \underline{22\ \mathrm{kW}}$　が得られる．したがって，5 時間では 22 × 5 = 110 kWh となり，

110 kWh × 3 600 s = 396 000 kJ　すなわち，396 MJ となる．

また，ヒーターだけの場合の 27 MJ に対して逆カルノーサイクルからなるヒートポンプは 396 MJ となり，14.7 倍の熱量を放出することになり，省エネルギーとして極めて有効であることがわかる．実際のヒートポンプはカルノーサイクルではないため，これよりかなり性能は落ちるが，暖房ばかりでなく給湯用としても実際に使用され，省エネルギーとして貢献している．

2　解答

A	B	C	D	E
⑧	①	⑤	③	⑩

解説

(3) 式に与えられた数値を代入すると

$$\frac{1}{k} = \frac{1}{50} + \frac{0.001}{1.0} + \frac{1}{2\,500} = 0.0214$$

ゆえに，$k = \underline{46.7\ \mathrm{W/(m^2K)}}$ が得られ，これを (2) 式に代入することにより，

$$q = 46.7 \times (1\,100 - 100) = \underline{46\,700\ \mathrm{W/m^2}}$$

となる．これを (1) 式に代入することによって，

$$46\,700 = \frac{1\,100 - T_1}{\frac{1}{50}} \text{ より，} T_1 = 1\,100 - 934 = \underline{166\ ℃}$$

となり，耐熱温度 180 ℃より低く，火炎に耐えられることがわかる．

[6. 制御工学]

1

解答

A	B	C	D	E	F	G	H	I	J	K	L
⑥	⑬	⑱	④	③	⑰	⑯	⑩	⑤	⑦	⑮	⑪

解説

・制御系で望まれる第一条件は,「安定」であり,素速く定常状態に収束し,定常偏差が「0」もしくは極力小さいことが要求される.

・定常偏差とは,「目標値」と「最終値」の差をいう.

2

（1）**解答**

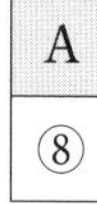

A
⑧

解説

行き過ぎ時間 t_p は, $\frac{d}{dt}\{y(t)\}=0$ かつ応答 $y(t)$の最初の極大値となる時間であることから,

$\omega_n\sqrt{1-\zeta^2}\,t_p=\pi$ より, $t_p=\dfrac{\pi}{\omega_n\sqrt{1-\zeta^2}}$

（2）**解答**

B
⑤

解説

$$y(t_p)-y(\infty)=-K\frac{e^{-\zeta\omega_n t_p}}{\sqrt{1-\zeta^2}}\sin\left(\omega_n\sqrt{1-\zeta^2}\,t_p+\phi\right)$$

設問（1）で求めた t_p を代入すると,

$$y(t_p)-y(\infty)=-K\frac{e^{-\frac{\pi\zeta}{\sqrt{1-\zeta^2}}}}{\sqrt{1-\phi^2}}\sin(\pi+\phi)$$

$\tan^2\phi=\dfrac{1-\zeta^2}{\zeta^2}$ および $\sin^2\phi+\cos^2\phi=1$ より,

$$1+\frac{\zeta^2}{1-\zeta^2}=\frac{1}{\sin^2\phi}$$

$\sin(\pi+\phi)=-\sin\phi=-\sqrt{1-\zeta^2}$ であるから,

$$y(t_p) - y(\infty) = -K\frac{e^{-\frac{\pi\zeta}{\sqrt{1-\zeta^2}}}}{\sqrt{1-\zeta^2}} \times (-\sqrt{1-\zeta^2}) = Ke^{-\frac{\pi\zeta}{\sqrt{1-\zeta^2}}}$$ なので

$$O_s = \frac{Ke^{-\frac{\pi\zeta}{\sqrt{1-\zeta^2}}}}{K} \times 100 = 18$$ より，$e^{-\frac{\pi\zeta}{\sqrt{1-\zeta^2}}} = 0.18$

両辺の対数をとれば，

$$-\frac{\pi\zeta}{\sqrt{1-\zeta^2}} = \ln(0.18)$$ より，$\zeta^2 = 0.230$　　$\therefore \underline{\zeta = 0.48}$

（3）**解答**

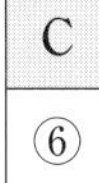

C
⑥

解説

整定時間 t_s を 8［s］とするには，$\dfrac{4}{\zeta\omega_n} = 8$ より，$\omega_n = 1.04$ である．

2 次振動系の伝達関数は，$G(s) = \dfrac{\omega_n^2}{s^2 + 2\zeta\omega_n + \omega_n^2}$ で表されるから，

題与の式と係数同士を比較すれば，

$K = \omega_n^2 = \underline{1.08}$

問題 2 に関する総合的解説

・2 次遅れ要素の系では，減衰係数 ζ，固有角周波数 ω_n により，安定性や速応性を評価する．

・安定性に関わる評価は，行き過ぎ量や整定時間など，速応性に関わる評価は，行き過ぎ時間，立ち上がり時間，遅れ時間などのファクタで行うことができる．

平成30年度 問題Ⅱ 解答・解説

[7. 工業材料]

1 解答

(1) 構成元素					(2) 特徴				
A	B	C	D	E	F	G	H	I	J
⑧	④	⑥	①	③	⑦	⑧	①	⑤	③

解説

（1）その他の構成元素について

② Al - Mg

アルミニウム合金鋳物ではAC7A，展伸材としては5000系の合金

⑤ Al - Si - Mg

AC4A（改良型シルミン）

⑦ Cu - Al

アルミニウム青銅

（2）その他の特徴について

② アルミニウム合金鋳物であるAC7Aの特徴および用途

④ アルミニウム合金展伸材である5000系合金の特徴および用途

⑥ ばね用リン青銅（C5210）の特徴及び用途

2 解答

A	B	C	D	E	F	G	H	I	J
①	③	②	④	④	②	①	①	⑤	③

解説

（1）について

一般に炭素量が0.02％以下の鉄は純鉄とよばれている．

（2）について

機械構造用合金鋼の鋼種記号のうち，三桁の数字群において最初の数字は主要合金元素コードを，その後に続く二桁の数字は炭素量の中間値を表している．例えば，SCM435において，数字群のうちの35は炭素量の中間値が0.35％であることを表している．ちなみに，SCM435のJISによる炭素量の範囲は0.33 ～ 0.38％である．

（3）について

肌焼鋼とは浸炭焼入れに用いられる機械構造用鋼のことで，一般には炭素量が0.25%以下のもので，この中では，S15C（C量0.13～0.18）である．

（4）について

マルテンサイト系およびフェライト系ステンレス鋼は，例外を除いてニッケルを含有しない．オーステナイト·フェライト系は21～28%のクロム，3～7%のニッケル，1～3%程度のモリブデンを含有する．また, 析出硬化系は15～18%クロムと3～7%程度のニッケルを含有し, その他に析出硬化用元素として銅（Cu）やアルミニウム（Al), ニオブ（Nb）なども添加されている．18－8ステンレス鋼とは最も一般的なステンレス鋼で，オーステナイト系に属するものである．

（5），（6）について

① ベイナイト：過冷オーステナイトから，パーライト変態とMs点との範囲で等温保持したときに得られる組織.（オーステンパ処理したときの組織）

② マルテンサイト：オーステナイト領域から急冷した際，Ms点以下で無拡散変態して生じる組織.（焼入硬化させたときの組織）

③ ソルバイト：マルテンサイトの高温焼戻組織.

④ フェライト：炭素を固溶した体心立方構造のα固溶体で，一般的な鉄鋼材料の室温での平衡状態の生地組織.

⑤ オーステナイト：炭素を固溶した面心立方構造のγ固溶体で，一般的な炭素鋼の場合はA_1変態点もしくはA_3変態点以上の高温で生じる組織.

（7）について

ボルトには, ①機械構造用合金鋼鋼材または⑤機械構造用炭素鋼鋼材が用いられており，高張力ボルトに最も適しているのは，①機械構造用合金鋼鋼材である．②炭素工具鋼鋼材は工具類に，③一般構造用圧延鋼材は橋や各種構造物に，④ばね鋼鋼材はばね類に用いられている．

（8）について

① TTT（Time：時間，Temperature：温度，Transformation：変態）曲線とは，鋼をオーステナイト領域に加熱したのち各温度まで急冷し，その温度で等温保持したときに生じる変態線図の通称である．

③ CCT（Continuous：連続，Cooling：冷却，Transformation：変態）曲線とは，鋼をオーステナイト領域から連続的に冷却したときに生じる変態線図の通称である．

②CCC曲線，④TTC曲線，⑤TCT曲線は存在しない．

（9）について

①～④は，正しい．

⑤において，工具鋼に強く要求される特性は耐摩耗性である．

(10)について

鋼の主成分は鉄（Fe）であるが，その他に必ず含まれる元素として炭素（C），シリコン（Si），マンガン（Mn），リン（P）およびイオウ（S）があり，これらは鋼の5元素とよばれている．クロム（Cr）は含まれない．

<編者紹介>

一般社団法人　日本機械設計工業会

1984年5月、任意団体設立。通産省（当時）からの要請を受け、機械設計企業団体の全国統合が実現。
1989年4月、社団法人化。通産省（当時）において機械設計業界唯一の公益法人として認可。機械設計業界の発展とともに社会、国民生活の向上を目的に設立された団体。
全国に5つの支部を設置。地域活動から全国規模で開催される試験・研修会などの公共性の高い活動まで幅広く実施。
1996年 3 月　第1回　機械設計技術者1級、2級試験実施
1998年11月　第1回　機械設計技術者3級試験実施
団体の会員数（2022年4月現在）
正会員67社（機械設計企業）
賛助会員7社（趣旨に賛同の機械設計以外の企業が対象）
本部事務局：東京都中央区新川2－6－4　新川エフ2ビルディング4F

3級 機械設計技術者試験 過去問題集
令和2年度／令和元年度／平成30年度

2022年8月10日　第1版第1刷発行

編　　者　一般社団法人日本機械設計工業会
発 行 者　村 上 和 夫
発 行 所　株式会社 オーム社
郵便番号　101-8460
東京都千代田区神田錦町3-1
電話　03(3233)0641(代表)
URL　https://www.ohmsha.co.jp/

印刷・製本　精文堂印刷
ISBN978-4-274-22904-6　Printed in Japan